JN290891

機械系 教科書シリーズ 16

精密加工学

工学博士 田口 紘一 共著
博士(工学) 明石 剛二

コロナ社

機械系 教科書シリーズ編集委員会

編集委員長	木本　恭司	（元大阪府立工業高等専門学校・工学博士）
幹　　　事	平井　三友	（大阪府立工業高等専門学校・博士(工学)）
編集委員	青木　　繁	（東京都立産業技術高等専門学校・工学博士）
（五十音順）	阪部　俊也	（奈良工業高等専門学校・工学博士）
	丸茂　榮佑	（明石工業高等専門学校・工学博士）

（2007年3月現在）

刊行のことば

　大学・高専の機械系のカリキュラムは，時代の変化に伴い以前とはずいぶん変わってきました。

　一番大きな理由は，機械工学がその裾野を他分野に広げていく中で境界領域に属する学問分野が急速に進展してきたという事情にあります。例えば，電子技術，情報技術，各種センサ類を組み込んだ自動工作機械，ロボットなど，この間のめざましい発展が現在の機械工学の基盤の一つになっています。また，エネルギー・資源の開発とともに，省エネルギーの徹底化が緊急の課題となっています。最近では新たに地球環境保全の問題が大きくクローズアップされ，機械工学もこれを従来にも増して精神的支柱にしなければならない時代になってきました。

　このように学ぶべき内容が増えているにもかかわらず，他方では「ゆとりある教育」が叫ばれ，高専のみならず大学においても卒業までに修得すべき単位数が減ってきているのが現状です。

　私は1968年に高専に赴任し，現在まで三十数年間教育現場に携わってまいりました。当初に比べて最近では機械工学を専攻しようとする学生の目的意識と力がじつにさまざまであることを痛感しております。こうした事情は，大学をはじめとする高等教育機関においても共通するのではないかと思います。

　修得すべき内容が増える一方で単位数の削減と多様化する学生に対応できるように，「機械系教科書シリーズ」を以下の編集方針のもとで発刊することに致しました。

1. 機械工学の現分野を広く網羅し，シリーズの書目を現行のカリキュラムに則った構成にする。
2. 各書目においては基礎的な事項を精選し，図・表などを多用し，わかり

やすい教科書作りを心がける。
3. 執筆者は現場の先生方を中心とし，演習問題には詳しい解答を付け自習も可能なように配慮する。

　現場の先生方を中心とした手作りの教科書として，本シリーズを高専はもとより，大学，短大，専門学校などで機械工学を志す方々に広くご活用いただけることを願っています。

　最後になりましたが，本シリーズの企画段階からご協力いただいた，平井三友 幹事，阪部俊也，丸茂榮佑，青木繁の各委員および執筆を快く引き受けていただいた各執筆者の方々に心から感謝の意を表します。

2000年1月

編集委員長　木本　恭司

まえがき

　この機械系教科書シリーズで，すでに『機械工作法』が著述されており，本書は，その後を受けた精密加工に関するアドバンス的な位置付けとなっている．

　著者は「深穴加工」という分野の研究に従事してきた．工具の設計製作から加工実験での測定という作業の中で，精密な穴加工を確立しようとすると，まず精密な測定方法とその技術の確立，切れ刃の働きや工具の機能の解明，そして工作機械の運動精度の正確な把握と改良が必要不可欠であった．他の分野においても同様であろう．従来の「精密測定」，「精密工作法」，「工作機械」の3分野を総合して考えなければ「精密なものを作る」ことはできないと考えられる．

　本シリーズでは「精密測定」，「工作機械」という書名の教科書は計画されていないこともあり，本書は「精密なものを作る」ということをテーマに，上記3分野にまたがって，過去，多くの研究者が解明してきた種々の分野の理論の基本的で実用的な部分を抜きとって，まとめようとしたものである．

　すなわち，精密加工学であるので，素材を変形・変質させない除去加工を中心とした．誤差を少なくするには，工具の在り方，工作機械の在り方をどのように考えればよいのか，あるいは加工にあたってどのようなことを試みればよいのかを考えることができるような記述を試みた．

　初めに誤差はどのような原因で生じるのかを論じ，次いで工具の在り方，工作機械の在り方を記述した．その後，各種加工用工具各論，高精度工作機械のしくみの事例を挙げ，そのねらいをよく理解できるようにし，さらに高精度が要求される場合には，どのようなことを解決しなければならないかを考えることができるような記述をしたつもりである．

まえがき

　精密加工を行う工作機械は，技能者による操縦から数値制御に代わってきているが，決して加工は機械にまかせておけばよいものではない。あくまで加工の原点は，刃先の形状とその刃先の動かし方である。機械に適切な指令を送らないと精度の高い加工はできない。

　なお，用語や記号は JIS 用語に従ったので「といし」や「と粒」,「ドリルのねじれ角 β」や「刃物角 β」など，文章の中では，やや読みづらいことやまぎらわしいこともあるかと思われるが，ご了承願いたい。

2003 年 6 月

著　　者

目次

1. 序　　論

1.1　精密加工の必要性 …………………………………………………… 1
1.2　加工精度向上の歴史 …………………………………………………… 5

2.　精密に加工するには

2.1　精密にならない原因 …………………………………………………… 9
　2.1.1　材料の不安定性（除去加工の必要性） ……………………… 9
　2.1.2　工具・工作物の相対運動誤差 ………………………………… 10
　2.1.3　力による変位 …………………………………………………… 11
　2.1.4　切削加工後の残留応力 ………………………………………… 11
　2.1.5　発生熱の影響 …………………………………………………… 12
　2.1.6　びびり …………………………………………………………… 12
　2.1.7　バリ ……………………………………………………………… 13
2.2　工具の持つべき性質 …………………………………………………… 14
　2.2.1　切れ刃の精密除去能力 ………………………………………… 14
　2.2.2　工具として必要な材質 ………………………………………… 15
　2.2.3　成形加工工具 …………………………………………………… 16
2.3　工作機械の持つべき性質 ……………………………………………… 17
　2.3.1　創成加工と工作機械の母性の原則 …………………………… 17
　2.3.2　回転運動と直線運動 …………………………………………… 18
　2.3.3　回転精度 ………………………………………………………… 19
　2.3.4　直進精度 ………………………………………………………… 20
　2.3.5　位置決め精度 …………………………………………………… 21
2.4　計測修正加工の重要性 ………………………………………………… 23

2.5 びびり防止 ………………………………………………………… 24
　2.5.1 びびりの種類 ………………………………………………… 24
　2.5.2 びびりの防止 ………………………………………………… 25
2.6 無方向加工の原理 ………………………………………………… 26
　2.6.1 平面ラッピングにおける無方向加工 ……………………… 26
　2.6.2 深穴あけドリル加工における工作物回転方式 …………… 27
　2.6.3 切れ刃の不等分割による真円度向上 ……………………… 27
2.7 環境（温度，振動）の重要性 …………………………………… 28
2.8 特殊な加工方法 …………………………………………………… 29
　2.8.1 レーザビームや電子ビームによる微細加工 ……………… 29
　2.8.2 振動切削 ……………………………………………………… 29
　2.8.3 ピエゾ素子による微小駆動 ………………………………… 31
演習問題 …………………………………………………………………… 31

3. 精密加工工具と保持具

3.1 切削工具 …………………………………………………………… 32
　3.1.1 工具の切れ刃形状とその効果 ……………………………… 32
　3.1.2 円筒加工用工具の形状（バイトの刃先形状とその働き）… 46
　3.1.3 平面加工用工具の形状 ……………………………………… 54
　3.1.4 穴加工用工具の形状 ………………………………………… 63
3.2 と粒加工工具 ……………………………………………………… 77
　3.2.1 と粒加工 ……………………………………………………… 77
　3.2.2 といしによる研削機構 ……………………………………… 79
　3.2.3 ホーニングと超仕上げ ……………………………………… 87
3.3 遊離と粒加工（ラッピング） …………………………………… 90
3.4 工作物のひずみの少ない保持方法 ……………………………… 95
演習問題 …………………………………………………………………… 98

4. 精密加工工作機械

4.1 高精度運動を得るための基本原理 ……………………………… 101

4.1.1　遊び0の機構 …………………………………………… *101*
　　4.1.2　多点支持 ……………………………………………… *103*
　　4.1.3　アッベの原理 ………………………………………… *104*
　　4.1.4　ロングスライダとナローガイド ……………………… *105*
　　4.1.5　ひずみ0保持（組み立て時の締め付け） …………… *108*
　4.2　直線運動機構と構造 ………………………………………… *109*
　　4.2.1　案　内　部 …………………………………………… *109*
　　4.2.2　駆　動　部 …………………………………………… *118*
　4.3　主軸の高精度回転機構 ……………………………………… *122*
　　4.3.1　主軸構造 ……………………………………………… *122*
　　4.3.2　主軸受部 ……………………………………………… *125*
　4.4　本　体　構　造 ……………………………………………… *130*
　　4.4.1　静　剛　性 …………………………………………… *130*
　　4.4.2　動　剛　性 …………………………………………… *133*
　　4.4.3　熱　変　形 …………………………………………… *136*
　演　習　問　題 …………………………………………………… *137*

5.　機械加工における計測

　5.1　計測と精度・誤差 …………………………………………… *140*
　　5.1.1　ばらつきとかたより …………………………………… *141*
　　5.1.2　精　　　度 …………………………………………… *142*
　　5.1.3　誤　　　差 …………………………………………… *143*
　　5.1.4　系統誤差を生じるおもな原因 ………………………… *144*
　5.2　寸法・形状および表面粗さの精度表示と計測 …………… *148*
　　5.2.1　寸法・形状精度の表示方法 …………………………… *148*
　　5.2.2　長さの測定 …………………………………………… *154*
　　5.2.3　長さの測定器 ………………………………………… *155*
　　5.2.4　角度の測定 …………………………………………… *159*
　　5.2.5　形状の測定 …………………………………………… *161*
　　5.2.6　面　の　肌 …………………………………………… *167*
　　5.2.7　表面粗さの測定 ……………………………………… *169*

5.3　運動精度の計測 …………………………………… 171
5.4　修正加工方法 ……………………………………… 173
5.5　運 動 制 御 ………………………………………… 175
5.6　ISO 9000 とトレーサビリティ …………………… 176
演 習 問 題 ………………………………………………… 176

参 考 文 献 ………………………………………… 179

演習問題解答・コメント ………………………… 181

索　　　　引 ……………………………………… 186

1

序　論

　本章では，精密にものを作ることの必要性やそれに必要な技術分野と発展の歴史などについておおまかに述べる。

1.1　精密加工の必要性

　ものを精密†に作ること。昔からつねに試みられ，徐々に向上してきたことである。例えば測定器の刻線引き，望遠鏡のレンズ磨きといった分野に精密加工の技術向上が図られてきたが，機械と称されるものができてからはその機械の精度向上，機械による製品の精度向上に多くの人々が携わるようになった。かつて時計は精密装置の象徴であった（図 *1.1*）。

　機械精度を上げることによって，無駄な摩擦が減ることによる機械効率の向上，生産性の向上，機械寿命の向上，機械システムの低騒音化，製品の疲労寿

図 *1.1*　機械式時計の内部

---

† 「精密」という語は，一般には細かく詳しいことを意味しているが JIS 計測用語では別の定義がなされている（5 章参照）。

命の延長，部品の互換性の向上，機械や製品の小形化，センサの分解能や精度の向上，またこれらによる高性能機械の開発など，精密加工がもたらす効果は計り知れない。また半導体産業における微細部品の製作も超精密加工技術によるところが大きい。レンズの加工や大形の機械の制御も限りなく高精度が望まれるであろうし，またより安価にできることが望まれる。より精密あるいはより高精度であるほどよいものは数多くあり，これで十分であるということにはならないであろう。

　精密に作るということは，誤差（目標とする値から外れた量。すなわち偏差）を小さくすることである。この当然のことを昔から数多くの人々が努力を重ねて少しずつ改善してきた。今後もさらに高精度を求めて，あるいは求められて，さらなる努力が続けられるであろう。誤差の原因を明らかにし，その誤差が生じないように，あるいは小さくできるように対策を講ずることができれば，精度は向上することになる。

　精密加工学は精密なもの作りを実現するための学問である。もの作りの手段は幅広く，およそ作るための道具の工夫とそれを使う（技能的）技術力，道具の動きを機械化した工作機械の設計と製作技術，また計測しながら作っていくので計測技術，これら四つの技術分野の総合によって成り立っている（図 *1.2*）。そのほかに，精密に作れる材料の問題もある。

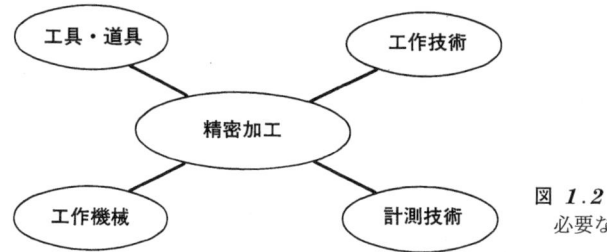

図 *1.2* 精密加工に必要な技術分野

　ここでは従来から精密加工の手段として用いられている工作機械を使った除去加工をおもに論じていくことにする。除去加工は材料の塊から不要の部分を取り除いていく加工であり，材料の材質を変えずに材料を目的の形に作れるこ

とにおいて大きな利点がある。

　一方，鋳造や塑性加工は材料を溶解したり変形させるので，材料組織が変化する。複雑な形状では内部応力も残り（残留応力という），最良の材質を保ったり，作りだすことにおいて困難な場合が多々ある。

　高精度加工を行うには，つぎの三つの項目をクリアしなければならない（図 *1.3*）。

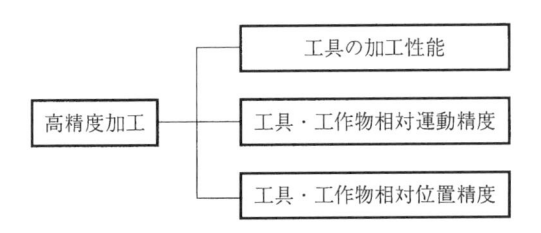

```
                    ┌─ 工具の加工性能
        高精度加工 ──┼─ 工具・工作物相対運動精度
                    └─ 工具・工作物相対位置精度
```

図 *1.3*　高精度加工に必要な事項

1) 素材の製品となる部分（すなわち取り除かれずに残留する部分）が変形しないように，効率も考えながら，いかに不要の部分を取り除くかについて，最適の工具，加工条件，および素材の保持方法の選択あるいは考案。
2) 工具と工作物に高精度の相対運動を行わせるための機械の構造設計，熱による変形を防ぐための手段。
3) 工具と工作物の相対位置を計測しながらの加工，仕上げ加工直前の計測と位置補正。

　ものの形をどのようにして作るのか。切削や研削による除去加工機械について考えてみよう。機械部品を作る工作機械は直線運動と回転運動の二つの運動機構で組立てられている。直線運動をたがいに垂直な方向に行うことによって平面が作られる。また，回転運動と直線運動の組合せによって円筒が作られる。この平面と円筒は運動の相対速度に関係なく作ることができるので，機械部品のほとんどは平面と円筒で作られている。

　それ以外の形状を作るには第三の直線運動や回転運動を組合せ，さらに相対速度を制御することによって必要な形状を作りだすことができる。昔から作ら

れている機械の主要要素である「ねじ」(原型は紀元前にさかのぼる)は,回転運動に対し定まった割合の速度で回転軸方向に工具を送ることによって作ることができる(**図 1.4**)。

15世紀,「モナリザ」で有名なレオナルド・ダ・ビンチ(1452～1519)は機械の設計にも熱心で,彼の残した手記の中にねじ切り旋盤がある。親ねじと歯車を組合せ,異なるピッチのねじを切ることができる(**図 1.5**)。

ねじや歯車のように規格で定まった形状に対しては,工作機械に機械的機構(おもに歯車による変換機構)を用いて,回転と直線運動に必要な相対速度運動を行わせることによって作ることができる。それ以外の自由な相対速度とな

┌─ コーヒーブレイク ─

レオナルド・ダ・ビンチの発明

レオナルド・ダ・ビンチは,ねじ切り旋盤以外にもクランク機構とはずみ車を備えた足踏み式旋盤(ロクロ盤といった方がよいかもしれないが lathe と呼ばれていた)を手記に残している。足踏み式であるが,往復運動を一方向の回転運動に変えることができ,エネルギーをはずみ車にためる画期的な機構であった。しかし,世の中に知られることはなかった。

例えば,クランク機構はダ・ビンチの手記から200年後の1780年に特許が取得されている。そのほかにボールベアリング,間欠運動機構など,数多くの発明をしているが,特許制度もなく,木や石がおもな素材であった時代で,早すぎた発明家となってしまった。

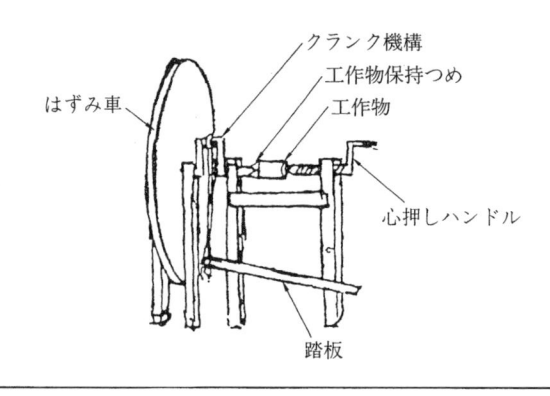

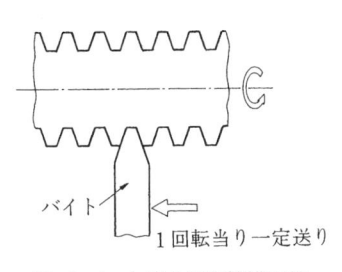

図 1.4 ねじの切削機構原理

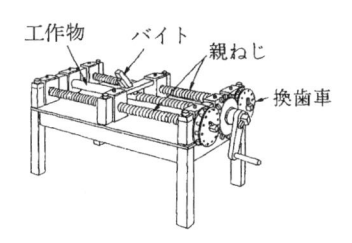

図 1.5 ダ・ビンチのねじ切り旋盤

ダ・ビンチの手記の図から作られた模型（大英博物蔵）

ると，相対運動速度の数が無限に必要ということになり，機械的機構では非常に困難である。それらは**数値制御**（**NC**：numerical control）を用いることによって，実用上無限といえるほどの自由な組合せができ，3軸の直線NC制御によって自由な曲面が加工できる。

このようにみてくると工作機械は，直線運動，回転運動の組合せと速度制御で自由な形状を作りだせることがわかる。最低3軸であればよいが，軸数を増やした方が工具の干渉を避けることができるので，作れる形状の範囲が広がる。6軸（直線3軸，回転3軸）の工具研削盤もある。場合によっては，同じ軸に二つの運動機構を持つ工作機械も必要になる。

1.2 加工精度向上の歴史

ものを正確に作る作業は人類の歴史が始まって以来，延々と続けられている。4大文明発祥の時代から精巧な遺物が残されていて，現代人でも作り難い精密なものもある。特に方位や時刻制定のための天体測定技術は非常に精度が高く，目を見張るものがある。AD 60年，ヘロの経緯儀にはすでにウォームねじと歯車を用いた微細な割出しが行われている。12～13世紀にかけて，精密な装置の製作技術は時計製作において発展していった。1680年には割出し板を備えた時計用歯切り盤が作られている。しかし精度の方はそれほど高くは

なく,必要な歯数が得られているかの方に関心があり,歯のピッチ精度は航海用あるいは天体観測用機器の製作において要求された。

ものの精度向上について必要を感じるようになったのは,道具だけの使用から機械と呼ばれるものを使うことになってからのことであろう。例えば,丸棒を作るには素材を回転させ,工具を当てることになる。回転精度がよくないと精度のよい円断面にならない。すなわち機械の精度によって,ものの精度が決まる(創成加工の原理という)ことになる。

工作機械や測定技術の高精度化の様子を図 *1.6* に示す[2]。ワット(J. Watt)が蒸気機関を発明した当初(1765 年)は,シリンダの真円度が悪く,ピストンとのすきまに親指が入るほど大きく,蒸気が漏れて使いものにならなかった。このようにせっかくの発明も,その趣旨に沿って精密に作ることができないと実用に供することができない例は多々ある。

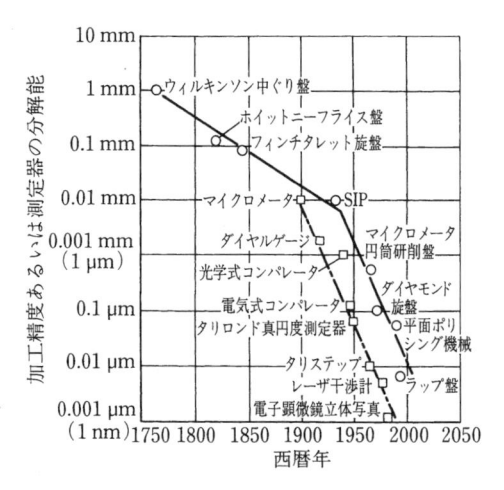

図 *1.6* 加工精度の変遷

ウィルキンソン(J. Wilkinson)の中ぐり盤(図 *1.7*)が完成され(1774年),加工誤差が 1 mm 程度になって,ようやく蒸気機関は実用化したのであった。この中ぐり盤の画期的なところは,回転する工具の両端を軸受で支えて,工具の振れを小さく押さえているところであった。

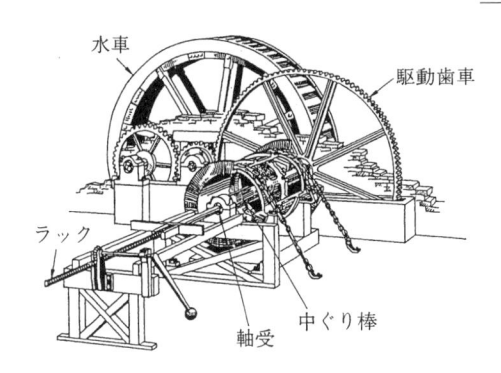

図 1.7 ウィルキンソンの中ぐり盤 〔L. T. C. ロルト 磯田浩訳：工作機械の歴史，平凡社（1989）から引用〕

　蒸気という動力源は1760年代に始まった産業革命に大きな影響を及ぼし，近代工業の急激な発展の源となり，18世紀後半から19世紀前半にかけて種々の工作機械が考案され発展してきた。それは現在の工作機械に必要な要素をほぼ備えたものである。すなわち高回転精度を得るための軸受，直線案内をする滑り面，正確なピッチで送るための親ねじおよび支持構造を変形させないための3点支持などを備えたものであった。

　例えば，モーズレー（H. Moudsley）のねじ切り旋盤（1797年）（図 1.8），ホイットニー（E. Whitney）のフライス盤（1818年）などがある。19世紀に入ると，多量生産のために部品に互換性を持たせる必要が生じ，これらの機械を改良し，精度の高い部品が作られるようになった。工具にといしを用いる研削盤はやや遅れて19世紀後半になってノートン（C. H. Norton）らによって

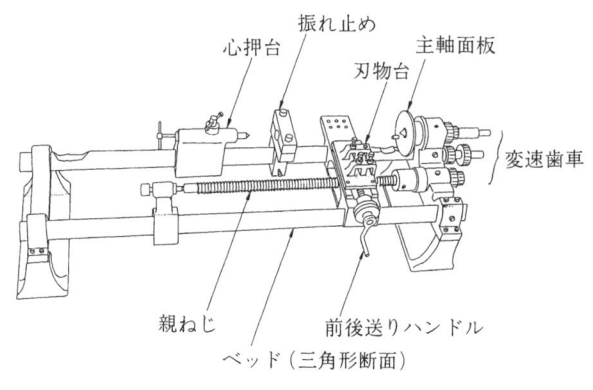

図 1.8 モーズレーのねじ切り旋盤

製作された。

　ドリルやエンドミルなど複雑な形状を持つ工具はそれを形成できる工作機械の発展によってもたらされた。ダイヤモンド切削工具の歴史は意外に古く，1799 年に使われた記述がある。刻線や刻線機用の微細ねじの切削に使用された。また焼入れした鋼の仕上げ加工にも適用されていた。

　その後，さらなる多量生産に対応するために自動化や半自動化とともに機構の精度向上が図られた。

　1950 年になり，MIT（マサチューセッツ工科大学）で NC フライス盤が製作され，それまでの位置決め方法が一変した。その後，カーネ・トレッカー（Kearney & Trecker）社が NC 中ぐり盤に自動工具交換装置を備えたマシニングセンタを開発した。多種中量生産に最適なものとして発展した。NC 化にともない，親ねじが台形ねじから摩擦の少ないボールねじに変わり，バックラッシの少ない送り機構が実現した。このことによって 2 軸同時制御によるエンドミルで円形の加工ができるようになり，位置決め精度も飛躍的に向上した（図 *1.9*）。

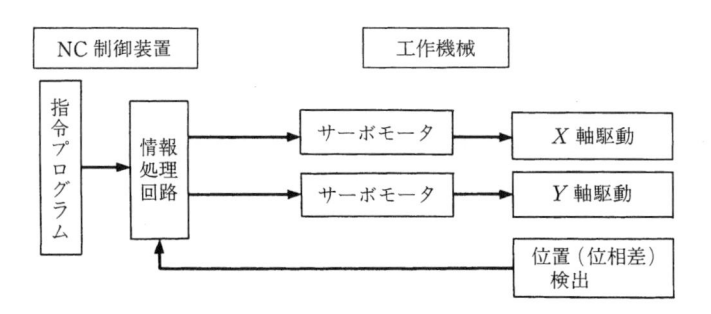

図 *1.9*　数値制御（X, Y 軸同時制御）

2

精密に加工するには

　精密に加工するためには，逆に精密にならない原因を探り，それを取り除くことによって精密な加工が達せられることをよく認識することが大切である。本章では，精密にならない原因を挙げ，それぞれの原因に対する基本的な対策について述べる。

2.1 精密にならない原因

2.1.1 材料の不安定性（除去加工の必要性）

　高精度を必要とする部品は，その使用期間の間において必要な精度を保つ必要がある。その材料に要求されることは，精度よく加工できるような性質を持っていることと，製作後変形が少ないことである。製作後の変形の原因としては製作時の残留応力が挙げられる。材料の内部に応力が残っていると，その応力によって工作物は経年変化を起こし，年数がたつうちに変形が進む。

　例えば鋳造の場合，材料を高温で溶解した後に型に流し込んで冷却し，求める形状を得るのであるが，冷却時の収縮のために型とは異なった寸法に仕上がる。また冷却時の材料の収縮が型によって拘束されたり，厚さの違いにより不均一なひずみが起こり，材料の内部に応力が発生する。

　一般に，この収縮度やひずみ度を正確に把握して型の形状・寸法を調整することは難しい。また材料内部の応力を取り除くために熱処理を施すことも行われるが，その処理によっても工作物は変形する。曲げ加工や絞り加工，鍛造加工などの塑性加工においても塑性変形後の残留応力が生じる。

10   2. 精密に加工するには

したがって，加工としては内部に応力の残らない方法が望ましい。そのためには内部に応力のない均一に作られた素材から不要の部分を取り除いて形を作る方法，すなわち，除去加工が最も高精度加工として期待される（図 **2.1**）。

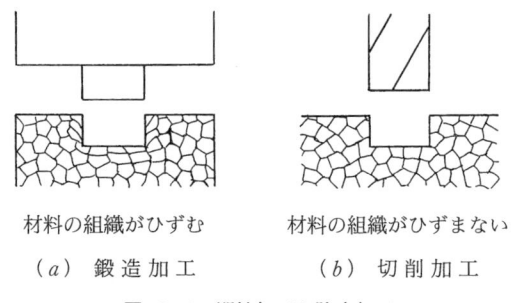

（a） 鍛 造 加 工　　　材料の組織がひずむ
（b） 切 削 加 工　　　材料の組織がひずまない

図 **2.1**　塑性加工と除去加工

2.1.2　工具・工作物の相対運動誤差

除去加工で精度の高い部品を製作するには，工具が目的の形に沿って正しく運動することが必要である。すなわち，工具を動かす工作機械の高精度な運動が必要である。工具を動かさずに工作物を動かしてもよい。いずれにしても，工作機械に高精度な運動が要求される（図 **2.2**）。

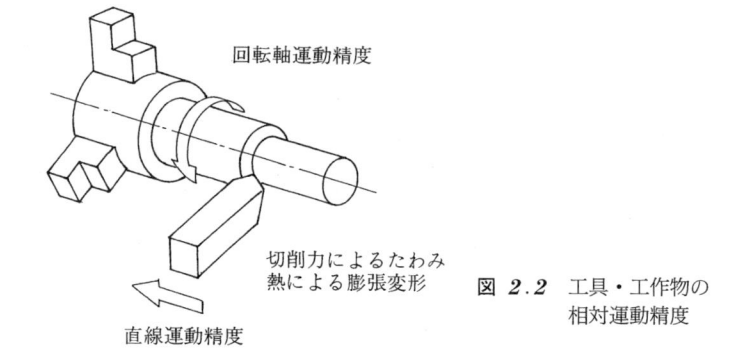

回転軸運動精度
切削力によるたわみ
熱による膨張変形
直線運動精度

図 **2.2**　工具・工作物の相対運動精度

真直な加工は真直な案内面と，それに沿って案内面との間ですきまを生じることなく移動する被案内台が必要であるが，このような装置を誤差 0 で作ることは困難で，いかほどかの誤差が生じる。

円筒を削るには，回転中心が変動しないような主軸装置が必要であるが，これも精度に限界がある。位置決めは，送りねじの回転角から割出して決めることが多いが，送りねじにも誤差がある。

2.1.3 力による変位

除去加工は刃物やといしなどの工具で削ることが多いのであるが，材料を切りくずにするために力が必要である。その力は工作物，工作機械の双方に伝わり，それぞれが弾性変形する（図 2.3）。すなわち，工具・工作物の相対位置が変化する。特に長い工作物や薄い工作物は弾性変形しやすい。切削力を極力小さくしても，工作機械のテーブルなどを駆動するためには，かなり大きな力が必要である。その力で送りねじは弾性変形する。

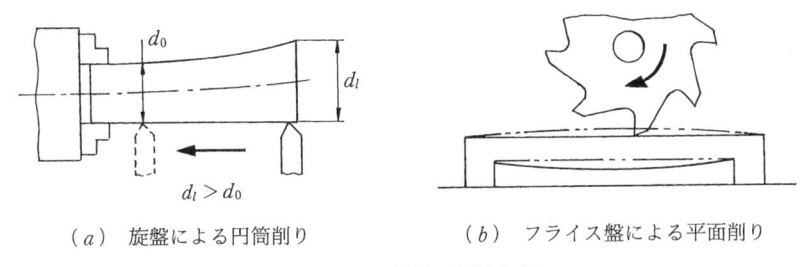

(a)　旋盤による円筒削り　　　　(b)　フライス盤による平面削り

図 2.3　工作物の弾性変形

また，工作機械が駆動されるとき，部品の誤差のために種々の振動が発生することは避けられない。そのような工作機械のひずみや振動が工具・工作物の相対位置の変化に現れ，誤差の原因となる。工作物を保持するときも弾性変形を生じやすい。保持具が精度のよい平面や穴を持っていても，加工前の工作物の精度がよくないと誤差を生じる。

2.1.4 切削加工後の残留応力

切削加工においても，切れ刃が鋭くないと，加工表面の直下層は圧縮されたり，層に沿って引っ張られて，その部分はひずみ，そのことによって表面直下層には残留応力が生じる。刃先を研いで作る切削工具は，完全には鋭く作るこ

とはできず，数 μm の丸みが生じ，切削を行うとすぐに摩耗して 10 μm を超える丸みとなることが多い。

2.1.5 発生熱の影響

加工という仕事は熱に変わるので，工作物や工具を熱し，熱膨張させることになる。また工作機械は駆動すれば各部で摩擦仕事をし，その仕事は熱に変わり，工作機械を部分的に暖め，熱膨張による工作機械のひずみを招く。

工作物を加工するときの局部加熱は，工作物に反りや曲がりなどの熱変形を生じさせる。例えば，薄板の平面研削加工において，摩耗したといしで加工すると，研削熱で加工表面の研削局部が熱膨張し，表面下層に応力が発生し，その応力が弾性限度を超えるとその部分が降伏する。冷却後，その部分は収縮し，残留応力が残るので，電磁チャックからはずすと，その残留応力によって薄板は変形する（図 2.4）。

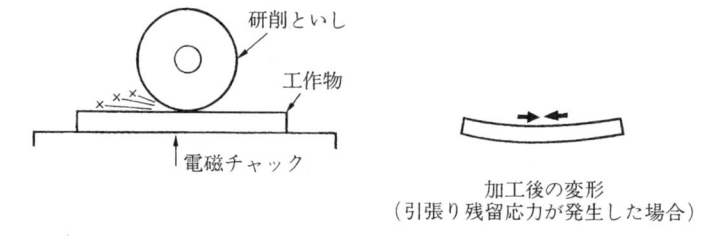

図 2.4　薄板の研削加工

工具も切削仕事により発生する熱が伝わると加熱され，反りや曲がりなどの熱変形を生じる。

2.1.6 び　び　り

工作機械を振動させずに駆動することは実際問題としては困難である。この振動によって，工具と工作物の間に相対振動が生じ，仕上げ面に凹凸ができるような振動を**びびり**（chatter）という。精密度が要求されればされるほど，わずかな振動による凹凸が問題となる。発生した振動が機械の共振を誘発し，

2.1 精密にならない原因   13

大きな振幅の工具・工作物間の振動となったり，前工程の小さな凹凸が自励振動を誘発することもある。このような場合は図 2.5 に示すような大きな凹凸を持つ仕上げ面となる。

図 2.5　びびりを生じたときの仕上げ面の例

2.1.7　バ　　リ

切れ刃の端部では，除去されるべき材料が切りくずとならずに横方向へ塑性変形して逃げ，切り取られずに残る。これを**バリ**（burr）またはかえりという。切削バリの生成形態には，つぎの四つの型がある[3]。① 切削の際，材料が圧縮されて横方向に流れ出る**ポアソン・バリ**（Poisson burr）（図 2.6 (a)），② 切削が終了するエッジにおいて，せん断されずに材料が切削方向に押し出され，離脱しないまま前方に付着して残る**ロールオーバ・バリ**（roll-over burr）（図 (b)），③ 切削が終了するエッジにおいて，せん断ではなく引きち

(a)　ポアソン・バリ　　　(b)　ロールオーバ・バリ

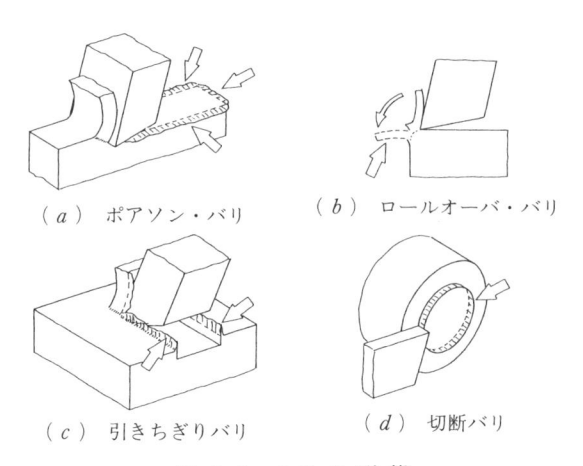

(c)　引きちぎりバリ　　　(d)　切断バリ

図 2.6　バリの形態

ぎりによって生じる**引きちぎりバリ**（tear burr）（図（c））, ④突切りのときのように, 切削が終了する前に材料が自重などで離れる際の破断面に生じる**切断バリ**（cut-off burr）（図（d））である。

バリを小さくするのは難しく, 潤滑剤を用いたり, 振動切削をしたり, バリを生じる場所に当て板を当てるなどの対策がとられるが, それでも十分ではなく, 必要に応じてバレル加工, 化学研磨, あるいは手作業で角のバリをとっている。

2.2 工具の持つべき性質

2.2.1 切れ刃の精密除去能力

高精度な除去加工に必要な工具の性質は, まず上記に述べたように除去するために必要な力が小さくてすむことである。すなわち, よく切れる工具である。またその切れ味は長時間保たれる必要がある。さらに, 加工に際して取り除くべき部分だけを変形させて切りくずにし, 除去されずに残り製品となる部分は材質の変化がないようにできることが望ましい。

例えば, 製品の表面となる仕上げ面に対して工具からその材料の降伏応力以上の圧力を受けると, その仕上げ面下の薄い層が塑性変形し（加工変質層という）, 周囲にひずみを生じさせ, 残留応力を生じる。工具の持つべき性質として, ①刃先の鋭さ, ②切削力を軽減する切れ刃形状, ③耐摩耗性が挙げられる。

工具は刃先が鋭いほど小さい力で切ることができる。ここでいう鋭さとは, 切れ刃の稜(りょう)の丸みのことである。この丸みより小さい厚さだけ切り取ることは難しい（図 2.7, 図 2.8）。

削る力は刃の稜の鋭さだけでなく刃先部分の形状にも影響される。その形状によって力の方向も変化する。逃げ面の摩耗面は仕上げ面に接し, 大きな圧力と摩擦が生じ, 仕上げ面を悪化させる。

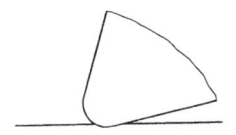

刃先が丸いと切れない。

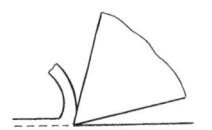

切りくずの出る最小切取り厚さは刃先の鋭さで決まる。

図 2.7 刃先の丸み

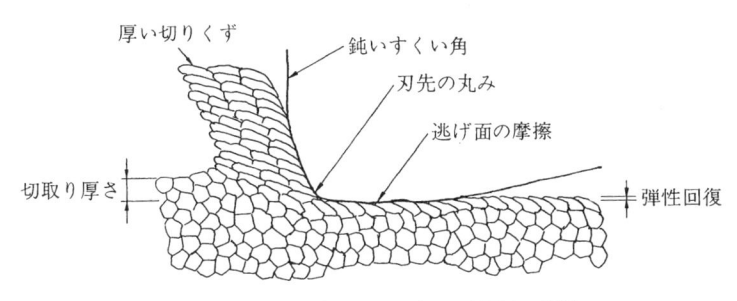

図 2.8 微小切削における切れ刃周辺の状況

2.2.2 工具として必要な材質

工具として必要な材質は以下に示すようなものになる。

〔1〕**硬 さ** 工具の**硬さ**（hardness）は，被削材（work material）より硬いことが必要である。どの程度硬ければ相手を削ることができるかについては種々の考え方があるが，鋼を削るのに使われている工具は，鋼の4倍程度の硬さである。すなわち鋼が200 HV程度の硬さであるのに対し，**炭素工具鋼**（carbon tool steel），**合金工具鋼**（alloy tool steel）や**高速度鋼**（high speed steel）の刃は800 HV程度の硬さである。

切削すると切れ刃部の工具温度は上昇し，そのため硬さは低下し，切削速度の限度といわれている速度では，高速度鋼においても超硬合金においても，工具切れ刃部の硬さは600 HV程度になる。

工作物の鋼は変形して切りくずとなったときには硬化して400 HV程度になるので，切りくずに対しては工具の硬さは1.5倍程度となる。それより軟らか

いと，切れ刃稜の鈍化や摩耗が著しくなり，使用に耐えない。

〔2〕**強度（抗折力）**　欠損したり，**チッピング**（chipping，小さい欠け）しないように，工具には**強度**（strength）が必要である。工具の強度は抗折力の大きさで示される。一般に，工具材は硬いほど，**抗折力**（deflective strength）が低い。

〔3〕**耐摩耗性**　工具の**摩耗**（wear）は，製品の生産性に大きな影響を及ぼす。摩耗のしやすさは，材料の硬度だけでなく，被削金属との親和性，高温における硬度の低下度や耐酸化性，被削金属との相互拡散性などにも影響される。

〔4〕**工具の加工のしやすさ**　工具の切れ刃は鋭利に研ぐ必要がある。また，工具には形状が複雑なものもあり，形状を精密に成形するための手段が確立できる材質が求められる。

〔5〕**工具価格／性能比**　工具は消耗品であるので，工具の性能に対する価格はできるだけ抑えられる必要がある。例えば**超硬合金**（cemented carbide あるいは hard metal）の主成分であるタングステン（W）は資源が少なく，材料費は高価である。一方，**セラミック**（ceramic）類は一般に安価であり，**セラミック工具**（ceramic tool）の性能が向上し，製作費が抑えられれば，超硬合金からセラミックへ移行するであろう。

2.2.3　成形加工工具

工作物の形状を作り出す方法として，創成加工と成形加工の二つがある。バイトを用いた工作機械による，工具と工作物の精密相対運動軌跡によって，工作物の形状を作り出す方法を創成加工という。この方法については後述する。

もう一つの方法は，工具の形状を工作物に転写して形状を作り出す方法であり，これを成形加工という。例えば，めねじを切るためのタップは，それに合致するおねじに切れ刃を付けたような形をしている。ねじ山の形，ピッチともタップの形状が転写されて，めねじができあがる。ハンドタップの場合，工作機械も不要で，作業者が手動で工具を回すだけで高精度なめねじの加工ができ

る。

　成形加工では，工具の形状の正確さが直接工作物の正確さに影響する。そのため工具の正確な成形が要求される。高精度の穴仕上げに使用されるリーマで公差Ｈ７に穴の直径を仕上げるためには，リーマ径の公差はｍ５に仕上げられていなければならない。

2.3　工作機械の持つべき性質

2.3.1　創成加工と工作機械の母性の原則

　一般の工作機械に見られるように，目的の形状を創成するために工具と工作物の間にその形状を形成する相対運動をさせて工作物の形を作る方法を，創成加工と呼んでいる。

　例えばバイトで旋削加工を行う場合，図 2.9 (a) のようにバイトを工作物の断面形状に沿った運動を行わせることによって，円筒状の工作物が加工される。この場合，バイトと工作物の間の運動誤差は工作物の形状誤差に直結する。したがって，創成加工を行う工作機械の運動精度は，工作物に要求される形状精度以上であることが求められる。工作機械と工作物の間のこのような関係を「**工作機械の母性の原則（copying principle）**」と呼んでいる。

　創成加工の利点には，① 狭い切削幅で少しずつ加工することができる，② 工具は簡単な形状であり，切削性のよい刃先形状を作りやすい，③ 工作機械

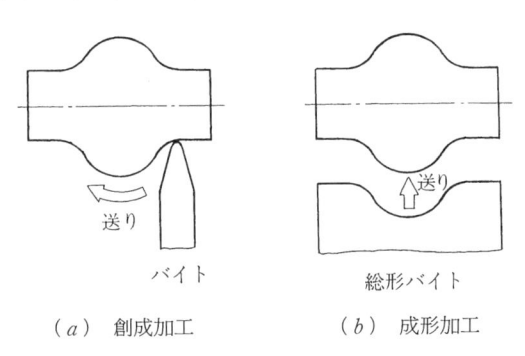

　　　　　　　　（ a ）創成加工　　　　（ b ）成形加工
　　　　　　　　　　　図 2.9　創成加工と成形加工

の運動を変えると別の形状を作ることができる，などがある．またその反面，工作機械には高精度で複雑な運動が要求される．

一方，成形加工の場合は，図（b）に示すように総形のバイトを半径方向に送って形状を形成する．機械の運動は単純になるが，加工精度はバイトの形状精度に依存する．また同時に，切削する切れ刃が長いので必然的に大きな切削力を伴う．さらに摩耗によって工具の形状精度は低下する．

高精度の加工を行うためには工作機械の運動精度を上げて，創成加工で行うことが一般に行われている．

2.3.2 回転運動と直線運動

精密に加工するには工具を精密に動かす必要がある．工具を精密に動かすにはどのようにすればよいかを考えてみよう．

機械の基本の動きは古来直線運動と回転運動である．現在も同じである．NC工作機械は複雑な運動をしているように見えても，やはり直線運動と回転運動を相互に組合せて動かしているに過ぎない．このことは非常に重要であ

コーヒーブレイク

関節による運動

人の運動は，基本的には関節の回転運動のみである．たくさんの関節を同時に動かすことによって，身体の複雑な運動を可能にしている．人間型ロボットも，ある軸を中心に精度よく回転させることや，真直な運動といった高精度な運動は苦手である．この種のロボットはあいまいであるが，複雑な仕事をさせるのに適している．

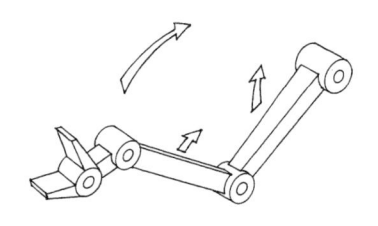

る。「simple is the best」という格言は，ここにも当てはまる。技術レベルが同じならば，簡単な形状，仕組みほど精密に作れるのである。

　直線運動をさせるには直線の案内を作って，それに沿って動かせばよい。基本の考えは簡単である。問題は，①いかに直線の案内を作りあげ，運動中それを維持するかということと，②いかにして案内に沿わせて動かすかの2点に絞られる。この2点ができれば直線運動をするはずである。

　精密な回転運動をさせるには，いかにして回転中心を動かさずに軸を回転させるかにつきる。すなわち，いかにして心を定め，動かないように支えるかということである。コンパスの心のように先を非常に鋭くすると精度が向上するかもしれないが，強度面においては弱体化して支えられない。したがって，円筒面で支えることになる。真円の軸を支え，それが浮かないようにすればよいことになる。真円の軸がどこまで精度よく作れるか，それが回転中に浮かないように，あるいは浮いても一定の浮き上がり量にするためにはどうすればよいか，この2点が達成できれば回転中心の動かない回転ができることになる。

2.3.3 回転精度

機械部品は円筒形のものが多い。部品を真円に削るには部品を機械に取り付

(a) 高回転精度を得る原理　　(b) 誤差の種類

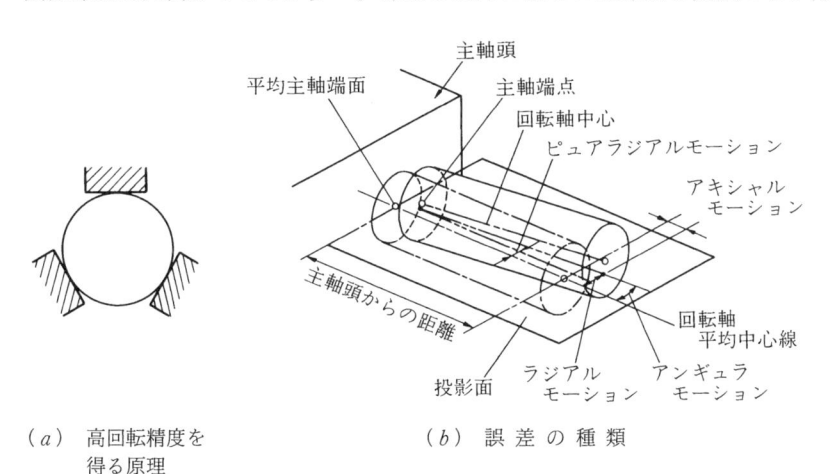

図 2.10　高回転精度を得る原理

け，その回転中心が変動しないように回転させることが第一に必要である。機械の回転軸は軸受けによって支えられている。その軸心を変動させないためには，図 **2.10**（a）のように真円の軸を3点以上で支え，軸の半径方向の移動がないように回転させることによって達成できる。図（b）は回転軸の誤差の種類を示したものである[4]。回転軸の傾きの変動，軸方向の変動などが組合され，複雑な運動になる。

2.3.4 直 進 精 度

工作機械の直線運動において運動を行うテーブルが真直に駆動されるためには，まず案内部が真直でなければならない。この真直さは，荷重に対しても，熱による案内部材料の膨張に対しても保たれなければならない。しかし，どのような素材でも，荷重を受ければ弾性変形する。また，素材は一般に熱膨張する。特に局部的に熱を加えると，その部分だけ膨張するので，長いものではいわゆる反りが生じ，真直度は著しく損なわれる。

例えば，図 **2.11** のような中央に切りくず排出すきまをあけた2本の角型バーで，旋盤のベッドを構成するとする。バーの断面高さ 300 mm，幅 50 mm のものを2本，長さを 1 500 mm とし，往復台を含めた荷重を 3 000 N とすると，両端を単純支持，荷重が中央にかかると仮定したときの最大たわみは 13×10^{-3} mm となる。この値は旋盤に要求される精度に対して無視できない大きさである。

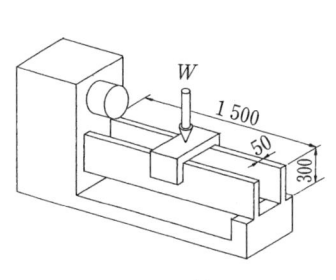

図 **2.11** 機械の剛性

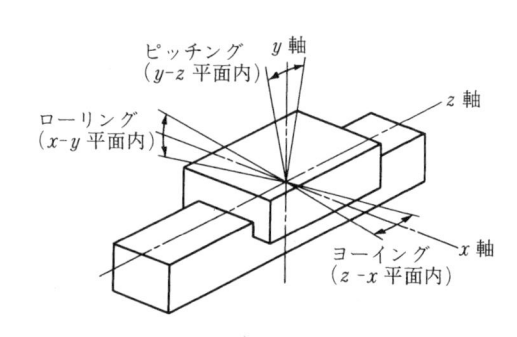

図 **2.12** 被案内台の傾きによる誤差

2.3 工作機械の持つべき性質

案内面が真直になっていたとして，被案内台は真直に動くであろうか。図 **2.12** は被案内台の傾きによる誤差を示したものである。一般に滑り案内の場合，案内面が金属どうしで接触していると摩擦が大きいので，間に流体（潤滑油）を介して摩擦を小さくしている。すなわち，荷重の一部を潤滑油で支えている。このような状態で真直運動を行わせると，挟まれた両面の相対運動のために生じる油圧によって被案内台の前方が浮き上がることがある。すなわち，被案内台が傾く。発生する油圧の変化によって被案内台の浮き上がり状態が変化し，被案内台は真直に動かない。機械を駆動すると，回転部分の回転誤差，歯車のかみあい誤差などにより，短周期の運動変化，すなわち振動が生じる。この振動もまた真直運動の誤差となる。

2.3.5 位置決め精度

精密に加工するには，工具あるいは工作物を，目標の位置に正確にばらつきのないように止める必要がある。図 **2.13** のように固定したストッパで止める機構のときでも，マイクロメータオーダの位置精度になると，ストッパに当たるときの力や速度の違いによって止まる位置も変化し，摩擦力の変化によっても誤差が生じる。比較的長時間の中においては，室温の変化，機械の熱によるひずみなどでも位置変化が生じる。高精度になればなるほど，細心の配慮が必要になる。

NCで輪郭制御を行う場合，逆方向からの位置決めも正しく行う必要があ

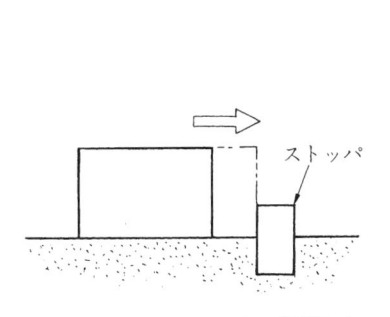

図 **2.13** ストッパによる位置決め 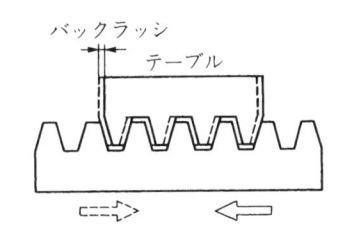　　　図 **2.14** バックラッシの影響

る。一般に逆方向から位置決めすると遅れを生じる（**図 2.14**）。これは幾何学的にはねじや歯車の**バックラッシ**，また駆動力や摩擦力が逆方向になることによって機械のひずみ方向が逆になることに原因がある。このように両方向からの位置決め誤差は一方向に比べてはるかに大きくなる。

例えば，NC フライス盤でエンドミルを使って円形に切削しようとする場合，NC フライス盤は，テーブル上面とエンドミルの間の関係が円弧になるようにテーブルを X 軸と Y 軸に沿って往復運動させる。しかし，テーブルの運動を反転させるときに，両方向位置決めによるバックラッシなどの影響が入ると，**図 2.15**（a）のような形状に仕上がる。図（b）は真円度測定器で半径方向誤差だけを拡大したものである。

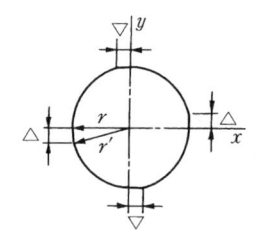

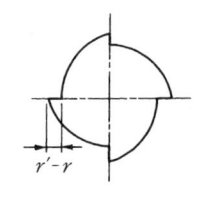

△▽　戻りの遅れ長さ
　▽　x 方向の戻りの遅れ
　△　y 方向の戻りの遅れ

（a）戻りの遅れによる円のひずみ

（b）真円度図形　半径方向に誤差のみ拡大されている

図 2.15　NC 輪郭制御における形状誤差

戻りの遅れは種々の箇所でみられる。ねじや歯車のすきま，油圧弁の切換え，また材料の弾性変形ひずみにおいても減荷重時にひずみの戻り遅れがみられる。往復運動するものすべてに，なんらかの遅れがあると考えてよい。

位置が正確に測定できるのであれば，その測定値から機械位置を修正するフィードバック制御が有効である。すなわち，加工中つねに工具先端と工作物の位置が測定できれば，その相対位置とプログラム上の位置との差が微小なうちに位置修正しながら加工ができ，できあがった加工物の寸法は高精度なものに

なる。しかし，3次元空間上の正確な位置測定には，種々の困難が伴う。そのため，NC工作機械では各軸方向の位置測定にとどまっていることが多い。

2.4 計測修正加工の重要性

種々の加工方法で加工精度を向上させることは重要であるが，それだけでは限度がある。前にも述べたように，一般に工作機械で加工した場合の加工精度は，その工作機械の運動精度以上にはならない。またその運動精度は，その工作機械の幾何学精度よりも劣る。

したがって，工作機械を工作機械で製作する場合，新しい工作機械の部品をもとの工作機械でただ加工して組み立てるだけであると，製作に使用したもとの工作機械の精度より劣ったものしかできあがらない。すなわち，コピーすればするほど劣化するのである。よりよいものを作るにはどうすればよいか。それは誤差を測定して修正することである。

例えば，旋盤やフライス盤でバイトや工作物の位置精度を向上したい場合，最終仕上げの前の行程で誤差を計測して，残りの追加加工の寸法を決定することによって改善できる。このような改善の代表的な方法に，平面度を向上させるための**きさげ**がある（図 *2.16*）。すり合せによって凸部を検出し，その部分のみを削ることによって目的が達せられる。

計測ができなければ精度の向上は望めない。このように精密加工においては

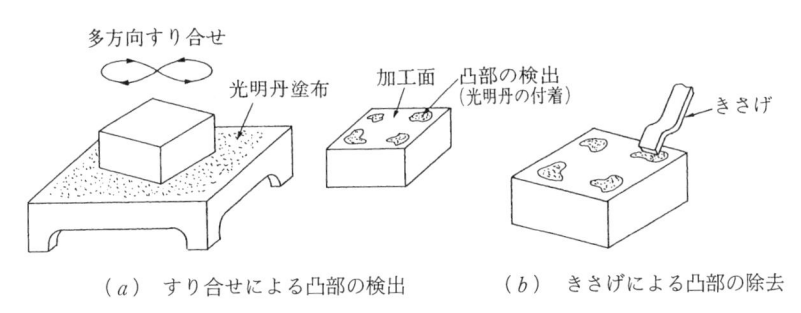

(a) すり合せによる凸部の検出　　(b) きさげによる凸部の除去

図 *2.16* きさげ作業

加工中における計測が重要で，つねに現在の状況を正しく把握して初めて修正加工をすることができるのである．計測すべきものは工作物に限らず，工作機械の内部でテーブルの位置の測定，工作機械の各部温度の測定など，精度に及ぼす因子で計測・制御できるものは極力計測するべきである．このような計測は，工作機械の精度劣化の原因を解明し，誤差を減らすために役立つ．

ここで計測技術が重要なことになる．どのように計測すれば正しい値が計測できるのかよく検討しなければならない．実際にはどのような誤りが含まれるかの可能性を探すことが重要となってくる．すなわち，計測における仮定と現実の相違の確認と，それの計測値への影響を考察することである．また，計測した後どのような手段で修正するのかをよく検討しなければならない．そこでは機械まかせではなく，熟練者の技能が必要な場合も多々起きてくる．

2.5 びびり防止

2.5.1 びびりの種類

切削加工で生じるびびりは大きく分けて，**強制びびり**（forced chatter）（図 **2.17**（ a ））と**自励びびり**（self-excited chatter）がある．星[5]によれば，強制びびりにはフライス削りなどのような断続切削による力の変動や，生成される切りくずの厚さが周期的に変動する場合に生じる力の変動といった**力外乱型強制びびり**と，工作機械の内部で発生する振動や工作機械の外から基礎を伝わってくる振動といった**変位外乱型強制びびり**がある．この振動周波数が工作

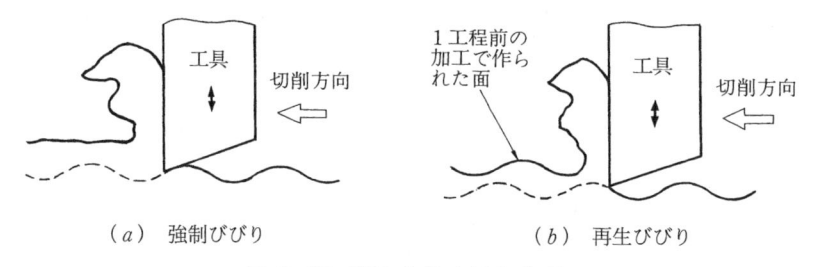

(a) 強制びびり　　　　　(b) 再生びびり

図 **2.17** 強制びびりと再生びびり

機械の一部や工作物あるいは工具の固有振動の周波数と一致すると、共振を起こし、大きな振動となって工具あるいは工作物を振動させる。

自励びびりは、原因となる強制的な振動源がない場合にも生じる現象で、このうち前の工程でできた凹凸面を削るとき、工具がやや遅れながらその凹凸面にならうように振動し、その振幅がしだいに増大する振動を**再生びびり**（regenerative chatter）という（図(b)）。また、工具逃げ面の摩耗部の摩擦によって振動する**摩擦型びびり**がある。これは1 000 Hz以上の高い周波数で生じ、切削速度方向に変動する。

2.5.2 びびりの防止

びびりを防止するためには、びびりの原因を見極めてから対策を立てるべきである。強制びびりの中で主軸駆動系の運動に原因があって、その周波数によって共振を起こしている場合は、主軸の回転速度を変更すると発生する振動の周波数が共振周波数から外れ、びびりを減少させることができる。断続切削によるもの、切りくず生成の周期性によるものなどがこれにあたる。これらの力外乱型は、発生する力の変動を小さくしても効果があるので、切込みを減らすことも有効である。しかし、機械の外部から伝わってくる振動は主軸回転数を変更しても効果がない。また、切込みや工具の鋭さも関係しない。

再生びびりは、主軸回転速度や切込みを減らすと軽減するが、工具を研ぎたてのものにするとかえって起こりやすくなる。主軸回転数を0.5～1 Hzの周期で±20％程度変動させると、効果が大きいという報告がある。摩擦型びびりは工具を研ぎたてのものに交換すると軽減する。また、工具シャンクの材質、寸法形状、保持方法の変更によっても防止できる。切削速度や切込みの減少も効果がある。

以上のように、発生する振動が工作機械の共振周波数と一致しないように切削速度を変更すると、びびり軽減の効果が大きいが、そのためには、使用する工作機械の共振周波数（一つではない）を知っておく必要がある。

2.6 無方向加工の原理

　工作機械の運動精度（創成加工）や工具切れ刃の形状精度（成形加工）に頼らない加工方法がある。これは，誤差の傾向を工作物の特定の部分に影響しないように工夫することによって実現できる。

2.6.1　平面ラッピングにおける無方向加工

　平面ラッピングは，平面に仕上げたラップの上にと粒をばらまき，その上に工作物を置いてラップに押し付けながらラップ面上を動かし，ラップと工作物との間にはさまったと粒の転がりや引っかき作用によって，工作物を少しずつ削るという加工法である。

　工作物の凸部は，接触圧が高いので多く削られ，凹部は少なく削られる。長時間の加工で，工作物がまんべんなく一様に削られるようになったとき，平面に仕上がる。このとき，加工精度を上げるための要点は，工作物の運動にできる限り方向性を持たせないことである。

　普通，ラップの上を公転しながら自転させる。そのとき，同じ場所をできるだけ通らないようにする（図 2.18）。この方法によって，工作物のある一つの場所はラップ上のあらゆる場所をまんべんなく通るようになる。そうすると，ラップに凹凸があっても，強く作用する凸部も工作物の各場所にまんべん

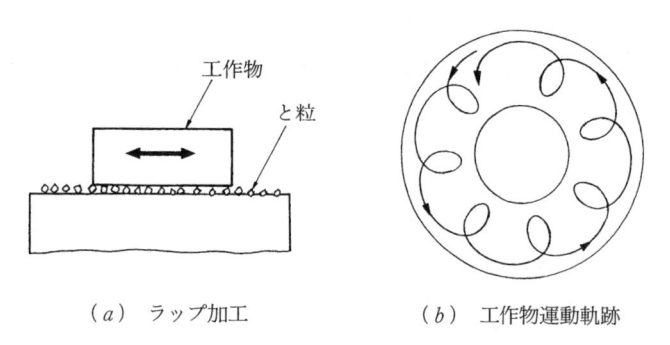

　　　　(a) ラップ加工　　　　　(b) 工作物運動軌跡
図 2.18　平面ラッピングにおける工作物運動軌跡

なく当たり，工作物のどこが多く削れるということはない。

実際は，ラップの方も凸部の方が凹部より多く削られるので，加工している間に，より平面に近づく。球のラッピングも無方向加工の原理で行われ，非常に高精度の球を作ることができる。

2.6.2 深穴あけドリル加工における工作物回転方式

穴あけ加工において，工作物回転方式にすると真直度が向上する。加工穴の曲がるおもな原因の一つとして，アライメント誤差がある[6]。アライメント誤差は，図 *2.19* に示すように，工作物の設定加工軸とドリルの軸の偏差である。この誤差があると，ドリル回転・工作物固定の場合，穴はドリル先端回転軸の傾きの方向にあけられる。

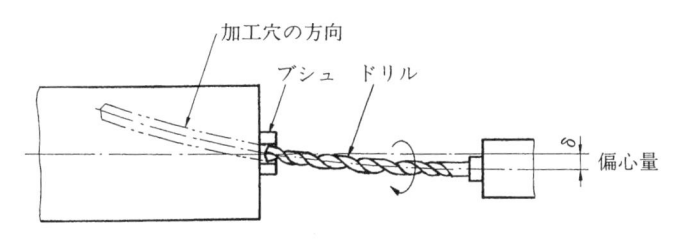

ドリル回転・工作物固定の場合

図 *2.19* 深穴あけドリル加工におけるアライメント誤差

しかし，工作物を回転させると，工作物に対しては穴あけ方向に方向性がなくなり，工作物回転軸に沿って穴があくことになる。ただし，入口のブシュの位置を工作物回転軸に合わせておく必要がある。加工が進むにつれて穴が拡大するのではないかという懸念をいだくかもしれないが，実際は，ドリルの曲げ剛性が低いので，加工穴は拡大することなくあけられる。

2.6.3 切れ刃の不等分割による真円度向上

リーマなど，等間隔で配置された複数の切れ刃を持つ穴加工工具で穴あけをすると，特定の数 n 個の凸部を持つ多角形形状誤差が発生することがある。刃数を Z とすると，通常 $n=Z\pm1$ （＋の場合が多い）となる。これは工具の

回転中に回転中心が移動するため, 一種の自励振動である。

これを防ぐには, 切れ刃の配置を不等分割にすると効果がある。不等分割にすることによって規則的な工具回転軸心の運動ができなくなり, その結果, 回転中心の移動が少なくなる。

リーマに限らず, 深穴あけ用のBTA工具の切れ刃と案内部の配置, 円筒ラッピングの当たり部の配置, あるいは心なし研削において, といし軸・工作物軸・調整といし軸を一直線上に並べない方が, 高い真円度が得られることも, この原理の応用である(図2.20)。

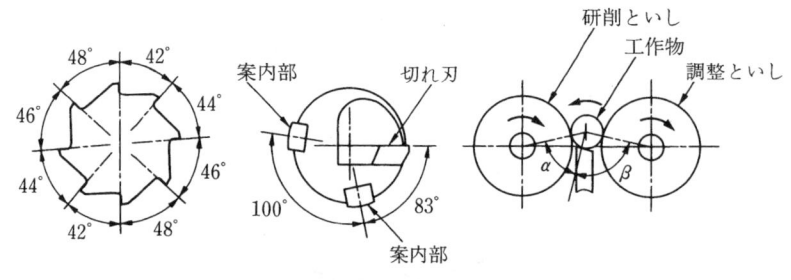

(a) リーマにおける切れ刃の不等分割配置
(b) BTA深穴あけ工具における切れ刃・案内部配置
(c) 心なし研削盤におけるといし・工作物・調整といしの配置

図2.20 切れ刃や支持部の不等分割

2.7 環境(温度, 振動)の重要性

ここまでにおいても温度など, 環境の把握が必要であることを述べてきた。比較的大きなものを精度よく作ろうとするとき, 特に温度の影響をなくすことが重要である。1mの長さの鋼材では温度1℃の上昇で0.01mmも伸びるのである。精密機械工場では温度管理に厳しく, 工場そのものを恒温室にしている。場合によっては, 作業者の体温が恒温室温度へ与える影響も考慮される。マイクロメータやシリンダゲージなどの測定器は, 体温が測定器に伝わらないようにつかまなければいけない。

また，外部の鉄道や道路の交通機関，あるいは近隣のパンチプレス機などからの振動が工作機械に伝わらないよう振動防止対策もとられている。

2.8 特殊な加工方法

2.8.1 レーザビームや電子ビームによる微細加工

切削や研削による精密加工は，加工の大きさ（レンジ）に対する分解能の高い加工方法である。例えば，100 mm の長さに対して 0.01 mm の誤差で加工できるとすれば分解能は 10^{-5} となる。

一方，レーザビームや電子ビームによる加工では，直径 0.01 mm の微細な穴をあけることができるが，分解能は低い。しかし，分解能が 10 % としても誤差は 0.001 mm である。このように微細加工のできる加工法は，分解能が低くてもその絶対誤差は小さいので，精密加工に必要な加工方法になっている。化学加工のように，マスキングして被膜されていない部分を薬品で溶かす場合も，エッチングの分解能は低いが微細なので絶対誤差は小さくなる。化学加工は，半導体産業では集積回路の製造に欠かせないものになっている。

2.8.2 振動切削

振動切削[7]は，流れ形切りくずが細かいピッチの連続せん断変形であることから，切削工具を切削方向に高周波数で振動させて，せん断ピッチが細かくなるように小刻みに切削するように開発された方法である。この方法では，最大振動速度を切削速度よりも速くして，各サイクル中に切れ刃が切削方向とは逆に引かれ，切りくずと工具すくい面の間にすきまができるようにすると，理想に近い切削が実現する。

すなわち，切削抵抗が普通の切削の 1/5 ～ 1/10 に激減すること，バリが非常に小さくなること，表面下層のひずみがほとんど生じないこと，鏡面に近い表面粗さが得られること，工具寿命が長くなることなどが特長である。

例えば，振動数 f を 20 kHz，振幅 a を 15 μm，切削速度 V を 30 m/min

とすると，サイクルごとの切削長さは 25 μm（$=V/f$）となる．切削領域では，この間隔でせん断が行われ，切りくずが生成される．このときの最大振動速度は 108 m/min であり，サイクルごとに 17 μm の工具すくい面と切りくずのすきまができることになる．

　これらができる理由は解明されていない部分もあるが，サイクルごとに工具すくい面と切りくずの間にすきまがあくことで，すくい面の十分な潤滑が得られること，衝撃的荷重による応力集中と細かいピッチのせん断作用のために塑性変形域が狭くなることなどが考えられる．このため，切りくず厚さは薄く，切削比（切りくず厚さ／切取り厚さ）が 1 に近くなっている．

　切削力の激減現象は，瞬間最大切削力が減少することのほかに，動力計の固有振動数以上の振動数で切削力がパルス状に変動する場合，切削力の平均値が測定されるという現象もある．図 **2.21** に超音波振動装置の例と切削速度と切削力の変化の例を示す[7]．

　振動切削の応用範囲は広く，旋削，平面加工，ドリル加工などの切削加工のほか，ラッピングやホーニングなどのと粒加工，さらに塑性加工にも効果が得られている．あるいは普通切削では不可能に近い，焼入れした高速度鋼（硬さ HRc 64 ≒ HV 800）を超硬合金工具で切削することもできる．

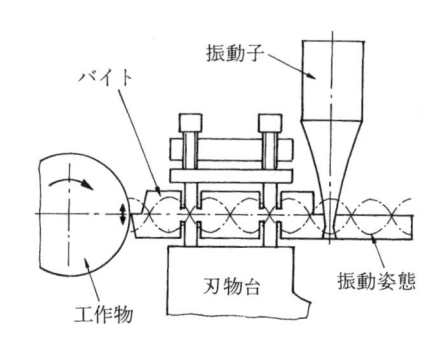

（a）超音波振動装置　　　　　　（b）切削速度と切削力の変化

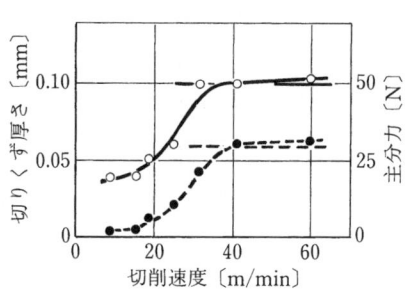

振動数：20 kHz，振幅：4.5 μm，
切取り厚さ：30 μm，すくい角：30°，
材料：アルミニウム，切削幅：1 mm

図 **2.21** 振　動　切　削

2.8.3 ピエゾ素子による微小駆動

0.001 mm 以下の微小な動きをさせるには，ピエゾ素子が使われる。与える電圧に対する伸びの関係の直線性は低いが，微小なので 0.000 1 mm の制御が可能である。微小駆動の精度の概念を計測に当てはめると，比較測定の概念と一致する。

比較測定は被測定長さからそれに近い長さをブロックゲージなどで作り，それとの差を測定するので差の絶対値は小さく，分解能の低い測定器でも小さい測定誤差になるのである。

演 習 問 題

【1】 切削加工において誤差の生じる原因についてまとめよ。

【2】 工具の持つべき性質についてまとめよ。

【3】 創成加工がなぜよく使われるか説明せよ。

【4】 つぎの加工は創成加工か成形加工か。
　　　（1） バイトを使って旋盤で円筒加工をする。
　　　（2） タップを使って，めねじを立てる。
　　　（3） ブローチを使って，4 角形の穴を加工する。
　　　（4） ホブを使ってホブ盤で歯切りをする。
　　　（5） リーマを使って穴の仕上げ加工をする。

【5】 工作機械の母性の原則について説明せよ。

【6】 高回転精度を得るための基本原理を説明せよ。

【7】 図 2.15 において，真円度図形がなぜそのような形になるか考えてみよ。

【8】 精密仕上げにおいて，手仕上げの重要性について説明せよ。

【9】 無方向加工とはどのようなことか。なぜこのような考え方が必要か説明せよ。

【10】 バリとは何か。どのようなところに生じるか。

【11】 強制びびりと再生びびりについて説明せよ。

3

精密加工工具と保持具

　2章では，切削工具の持つべき性質について述べた。本章では，切削工具の切れ刃形状はいかにあるべきか，必要な切削力などについて述べる。その後，円筒加工，平面加工，穴加工およびといしやと粒による加工について，実際の工具形状や加工方法別に，具体的な誤差の原因やその対策について述べる。

3.1 切削工具

3.1.1 工具の切れ刃形状とその効果

〔**1**〕**工 具 材 料**　工具材として必要な性質は2章で述べた。現在使用されている工具材の特徴を**表 3.1**に示す。

　被削材が鋼の場合，工具の硬さとしては 600 HV 程度必要である。600 HV まで軟化する温度を限界切削温度とすると，炭素工具鋼，合金工具鋼，高速度鋼は熱処理によって常温で 800 HV 程度の硬さが得られるが，炭素工具鋼と合金工具鋼の限界切削温度は約 300 °C で，高速度鋼のそれは約 600 °C である。

　超硬合金は，主成分である WC 粉末と結合材である Co 粉末を焼結したもので，工具鋼に比べて約2倍の常温硬さが得られるが，じん性（抗折力）に難がある。鋼に対する限界切削温度は約 1 000 °C であり，高速度鋼に比べて3倍以上の高速切削が可能である。**サーメット**（cermet）は，超硬合金に比べてさらにじん性に難があるが，鋼に対して超硬合金より溶着性が低いので，中軽切削で工具寿命が長く，低速での仕上げ面がよい。セラミックは超硬合金やサー

表 3.1 工具材種

材質	主成分 添加成分	硬さ (HV)	抵折力 〔GPa〕	用途・特徴
炭素工具鋼	Fe C 0.6～1％	800		木工用
合金工具鋼	Fe W, Ni 数％以下	800		木工用 鋼の低速切削
高速度鋼	Fe, W 18％ Cr 4％ V 1％ ほか	800	3～4	鋼などの加工 高抗折力工具 （ドリル，リーマ エンドミル，タップ）
超硬合金	WC＋Co（結合材） TaC, TiC	1 500～ 1 900	1.2～1.9	最も普及 抗折力に難
サーメット	TiC＋Ni（結合材）		0.8～1.6	高速切削 抗折力に難
セラミック	Al$_2$O$_3$		0.4～0.9	高速切削 研削と粒材料と同じ 抗折力に難
CBN	BN 焼結体	4 500		鉄との親和性小 鋼の超精密加工 焼入れ鋼の仕上げ加工
ダイヤモンド	C 単体，焼結体	8 000		非鉄金属との親和性小 非鉄金属との超精密加工

メットよりも硬いが，じん性はさらに劣る。Al$_2$O$_3$ 系は鋼，Al$_2$O$_3$-TiC 系や Si$_3$N$_4$ 系は鋳鉄の高速仕上げ切削に使用される。

高速度鋼，超硬合金，サーメット，セラミックの母材の上に，TiC，TiN，TiCN，Al$_2$O$_3$ などの硬質物質を単層あるいは多重層で厚さ数 μm 程度蒸着した**コーテッド工具**（coated tool）としても使用される。じん性のある母材に硬い表面層を持つことになり，寿命が数倍になる。

CBN（立方晶窒化ほう素，cubic boron nitride）焼結体は，約 4 500 HV の硬さを持つほか，熱伝導率が大きく，鉄との親和性が低く，溶着が起こりにくいので，焼入れ鋼の切削や超精密加工に用いられる。しかし，アルミニウムの加工には不適である。

ダイヤモンドは最も硬い材料であり，古くから研摩材やといしに使用されて

きたが，焼結体として切削工具に使用すると，超硬合金を削ることができる。熱伝導率も大きく，アルミニウムや銅など非鉄金属との親和性が低いので，このような材料の超精密加工に使用される。しかし，ダイヤモンドは酸化開始温度が630℃と低く，Fe，Ni，CoなどのCを固溶する物質に対して拡散反応を起こすので，このような材料の切削には不適である。

と粒加工のと粒材料としては，セラミック，CBN，ダイヤモンドが使われる。

〔2〕 **切削機構** 工具の切削機構について考えてみよう。**図3.1**に工具の刃の部分を示す。図(a)はナイフの場合を示す。工具は紙面の右から左へ動いている。ナイフで果物の皮を削る場合，刃先の鋭利にとがった部分で切り裂くようにナイフを進める。このとき切り取る厚さh（**切取り厚さ**（nominal thickness of cut あるいは undeformed chip thickness））を一定に保つには，削られて新しくできた面にナイフの裏面を接するようにして，刃先が食い込まないようにするとよい。この場合，切り取られた皮の部分の厚さh_c（**切りくず厚さ**（chip thickness））は切取り厚さhとほとんど変わらない。

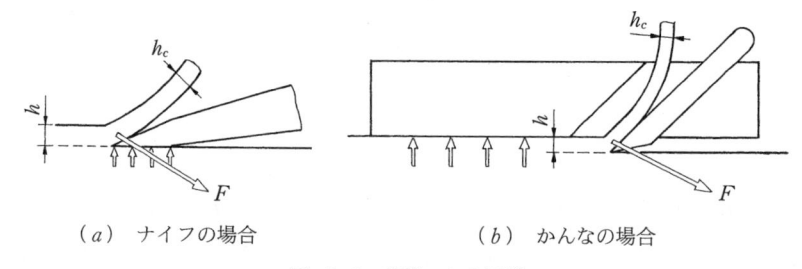

（a） ナイフの場合　　　　　（b） かんなの場合

図 **3.1** 分離による切削

木工用かんなの場合（図（b））は，切れ刃の裏面が接しないように逃がしている。こうすると切れ刃が食い込む方向に力が働くので，この食い込みを防ぐために，かんな台の面を板の面に当て，一定の厚さだけ削り取るしくみになっている。

図3.2に金属切削の場合の模式図を示す。金属を削る場合は，切れ刃は鋭利な角度になっていない。理由は，工具と被削材の強度差がそれほど大きくないことである。例えば硬さで比較すると，鋼は高速度鋼で削ることができる

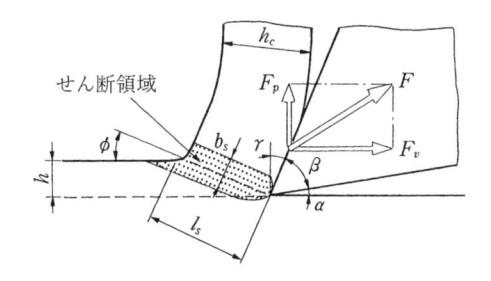

図 3.2 金属切削の場合

が,その硬さの比は 4〜5 倍程度でしかない。生成される切りくずは素材の 2 倍程度に硬化するので,その比はさらに縮まっている。超硬合金は高速度鋼より硬いが抗折力は弱い。

　一般に金属を削る工具は刃先の強度を高くするために刃物角 β を大きくしている。また,工具と加工された面との接触摩擦は仕上げ面に悪影響を与えるので,それを避けるために加工表面に面した工具面(逃げ面という)に**逃げ角** (clearance angle) α をつける。切りくずが滑っていく工具の表面をすくい面といい,加工面に垂直方向からの角度を**すくい角**(rake angle) γ という。

　切取り厚さ h の部分は,刃先により変形させられて,一般に h より切りくず厚さ h_c は厚くなる。この変形は,連続したせん断変形である。その後,切りくずは工具のすくい面上を滑って除去される。

　この切りくずに変形する領域を,**せん断領域**(shear zone) という。せん断領域は,面とみなしてもよい程度に薄い場合もあるが,材料の性質や工具形状,切削条件によってはせん断領域の幅(図中 b_s)が厚く,工具のかなり手前から徐々に変形する場合もある。面とみなされる場合は,その面を**せん断面** (shear plane) といい,その切削方向に対する傾斜角(図中 ϕ)を**せん断角** (shear angle) という。

　このせん断角 ϕ が小さいと,厚い切りくずが生じる(図中 l_s が長い)。

　したがって,切取り幅あるいは切削幅を b とすると,せん断面の面積($l_s \times b$)が大きくなるので,大きな切削抵抗を生じる。ϕ は後述のように工具形状や,すくい面の摩擦状況によって変化する。

　切削抵抗(cutting resistance,工具が工作物から受ける力,反力として工

具が工作物へ与える力を切削力（cutting force）という）F の方向を図のように切削方向の力（切削主分力 F_v）とそれに垂直な背分力 F_p に分解した場合，F_p は小さい方がよいが，0 ではない方がよい。ちょうど鉛筆で直線を引くとき，定規に鉛筆のしんをある程度の力で押し当てるのと同じである。そのとき F_p は，工具が仕上げ面から遠ざけられる方向に働いているのがよい。加工寸法を決めるための工具の位置決め運動は，図では上の方から下に向かって運動するので，それに逆らう方向に力が生じているのがよいからである。

　これは 2 章で説明した機械の駆動系のバックラッシに対する考慮である。もし切削抵抗 F が下方に向き，工具が仕上げ面の方向へ動くように背分力 F_p が働いていると，そのバックラッシの分だけ工具は仕上げ面の方向に食い込み，目的の寸法より多く削ってしまうことになる。その時点で加工中の部品は不良品となる。

　すくい角 γ が大きいほど背分力 F_p は小さくなるが，すくい角が大きすぎると背分力は負になる。すなわち工具の受ける切削抵抗は下方へ向くことになる。

　逃げ面は，仕上げ面と工具が摩擦しないように逃がしている面である。逃げ面の摩耗および刃先の強度（刃物角 β が過小にならないように）から，逃げ角 α は通常 5° 程度にしている。

〔3〕 **切削力を表す式**　図 **3.3** に示すように，せん断面で切りくずが形成される場合において

$$\delta = \frac{\pi}{2} - \theta, \qquad \psi = \frac{\pi}{2} - \delta - \gamma = \frac{\pi}{2} - \frac{\pi}{2} + \theta - \gamma = \theta - \gamma$$

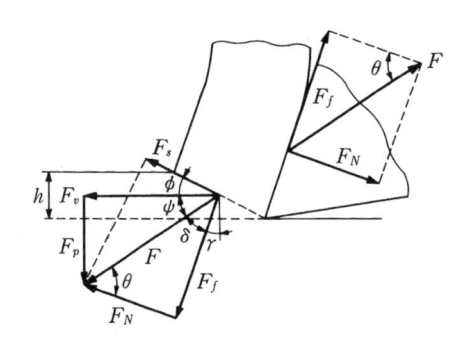

図 **3.3**　切りくず生成部にかかる力

であるから，せん断力 F_s，切削力の主分力 F_v および背分力 F_p は，**切削力** F を用いて

$$F_s = F \cos (\phi + \theta - \gamma) \tag{3.1}$$

$$F_v = F \cos \psi = F \cos (\theta - \gamma) \tag{3.2}$$

$$F_p = F \sin \psi = F \sin (\theta - \gamma) \tag{3.3}$$

と表せる。ここで，切取り幅を b とすると

$$F = \frac{F_s}{\cos (\phi + \theta - \gamma)}, \qquad F_s = \tau_s \frac{h}{\sin \phi} b$$

であるから

$$\begin{aligned} F_v &= F_s \frac{\cos (\theta - \gamma)}{\cos (\phi + \theta - \gamma)} \\ &= \tau_s \frac{\cos (\theta - \gamma)}{\sin \phi \cos (\phi + \theta - \gamma)} h\,b \end{aligned} \tag{3.4}$$

$$F_p = \tau_s \frac{\sin (\theta - \gamma)}{\sin \phi \cos (\phi + \theta - \gamma)} h\,b \tag{3.5}$$

となる。この式から，切削力へ及ぼす因子は，材料のせん断応力 τ_s，切削面積 $h\,b$，工具のすくい角 γ，摩擦角 θ，およびせん断角 ϕ であることがわかる。

図 *3.4* はすくい角 γ と切削力 F_v, F_p の関係を示す[8]。主分力 F_v はすくい角 γ を大きくしてもそれほど軽減されず，30°以上では横ばいとなるが，背分力 F_p はすくい角 γ を大きくするほど小さくなり，やがては負となる。すなわち工具が工作面の方へ引き込まれる力が生じる。これは工作物の過切削を引き

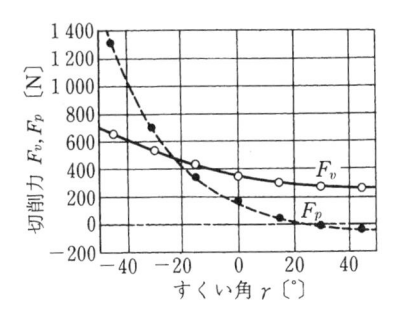

4-6黄銅，高速度鋼工具，
切取り厚さ 0.1 mm，
切削速度 0.8 m/min，乾切削

図 *3.4* すくい角による切削力の変化

起こす可能性があるということであり，避けなければならない。しかし，鋼などはすくい角を大きくすると，摩擦角 θ も大きくなり，すくい角 γ による切削力の低減効果は減少する。

〔**4**〕 **比切削抵抗 K_s の寸法効果**　切削主分力 F_v を切削面積で除したものを**比切削抵抗**（specific cutting resistance）あるいは**比切削力**（specific cutting force）K_s という。切削面積は $h\,b$ で表される。すなわち

$$K_s = \frac{F_v}{h\,b} \qquad (3.6)$$

比切削抵抗 K_s がわかれば，切削主分力 F_v を予測することができる。式 (3.4) から

$$K_s = \tau_s \frac{\cos(\theta-\gamma)}{\sin\phi\,\cos(\phi+\theta-\gamma)} \qquad (3.7)$$

で表されることになる。比切削抵抗 K_s はせん断応力 τ_s，摩擦角 θ，すくい角 γ，せん断角 ϕ に影響されることがわかる。

比切削抵抗は，切取り厚さの減少に伴って増加する傾向がある[9]（**図 3.5**）。これを比切削抵抗の寸法効果と呼んでいる。その原因として，つぎのようなことが考えられている[9]。

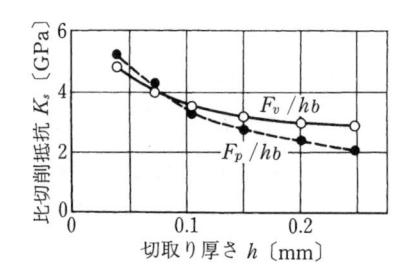

被削材：S 40 C，工具：P 20 超硬，
すくい角：$-10°$，
切削速度：84 m/min，切削幅：2 mm

図 **3.5** 切取り厚さと比切削抵抗の関係

① 切取り厚さが小さくなると，切削仕事量が少なくなり，発熱量も少なくなるので，刃先温度が下がり，材料のせん断応力や工具のすくい面上での摩擦角が増大し，それに伴ってせん断角が減少する。
② 切れ刃の丸みによって，実質すくい角が減少する。
③ 表面下変質層の厚さは，切取り厚さに比例して減少しないので，表面下

変質層を作るために要する力の割合が増える。

④ マイクロメータ以下の微小切削では，材料強度の寸法効果も考えられる。

〔5〕 **切削方程式**　切削力 F を求めるには，せん断角 ϕ をあらかじめ知る必要がある。せん断角 ϕ は，多くの研究者が理論的にあるいは実験的に求めているが，代表的なものに，Krystof および Merchant の式がある。

J. Krystof は，材料にかかる圧縮力とせん断応力の関係において，圧縮力の方向に対して 45°の方向に最大せん断応力が生じるという材料力学の理論を当てはめ，切削機構において切削合力の方向を圧縮力の方向とし，せん断面は最大せん断応力の方向を生じるという，**最大せん断応力説**を発表した。図 3.6 において

$$\phi + \theta - \gamma = \frac{\pi}{4} \tag{3.8}$$

という関係が得られる。

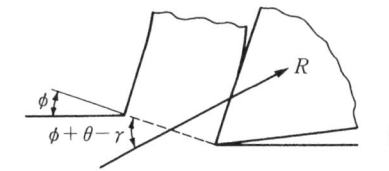

図 3.6　最大せん断応力説

M. E. Merchant は，切削動力が最小となる方向にせん断面が生じるという，**最小エネルギー説**を発表した。切削動力は式 (3.4) より

$$U = F_v \ V_v = \frac{\tau_s \ h \ b \ \cos(\theta - \gamma)}{\sin \phi \ \cos(\phi + \theta - \gamma)} V_v \tag{3.9}$$

であるので，この式を微分すると

$$\frac{\partial U}{\partial \phi} = -\tau_s \ h \ b \ V_v \cos(\theta - \gamma) \frac{\cos(2\phi + \theta - \gamma)}{\sin^2 \phi \ \cos^2(\phi + \theta - \gamma)} = 0$$

となるので，U を最小にする ϕ の条件，すなわち $\partial U/\partial \phi = 0$ とすると

$$2\phi + \theta - \gamma = \frac{\pi}{2} \tag{3.10}$$

という関係式が得られる（Merchant の第 1 方程式）。しかし，実験をしたと

ころ，この関係式は，すくい角 γ の変化に対する傾向は一致したが，一定角度ずれていることがわかった。

そこで，Merchant は，材料のせん断降伏応力 τ_s は垂直応力 σ_s の影響を受けるという Bridgman 効果をとり入れた。すなわち，τ_s と σ_s の関係は

$$\tau_s = \tau_0 + K \sigma_s \tag{3.11}$$

ここで，τ_0 は $\sigma_s=0$ のときの τ_s，K は定数である。また

$$\sigma_s = \tau_s \tan(\phi+\theta-\gamma)$$

と表されるので

$$\tau_s = \frac{\tau_0}{1-K\tan(\phi+\theta-\gamma)} \tag{3.12}$$

これを式 (3.9) に代入して，エネルギー最小の条件を求めると

$$2\phi+\theta-\gamma = \cot^{-1} K \tag{3.13}$$

という関係が得られる。

Merchant の切削実験に使用された NF 9445 鋼（S 45 C 相当）では，$K=0.23$ となり

$$2\phi+\theta-\gamma = 77° \tag{3.14}$$

という関係が得られ，実験結果とよく一致した。

また，中山[9] の実験的研究によれば，ϕ と $(\theta-\gamma)$ の関係は γ が一定の場合，ほぼ 45°の傾き角となる。すなわち $\omega \equiv \phi+\theta-\gamma$ とすると，ω はおもに被削材材質と γ に関係する。また，ω と γ の関係はほぼ直線の関係にあり，次式を得ている。

$$\omega \equiv \phi+\theta-\gamma = \omega_0 - k_1\gamma \fallingdotseq 54\pm2 - (0.25\sim0.3)\gamma \tag{3.15}$$

（鋼，7-3 黄銅，Al 合金の場合）

しかし，ほかの被削材では，Krystof の表した傾向に近いものもあり，切削機構は複雑である。図 3.7 に各種の実験結果を示す[10]。材料によってばらつきがあるものの ϕ と $\theta-\gamma$ の間には一定の関係が存在する。

〔6〕 切削工具の切れ刃形状の測定面　　JIS では，ISO（International Organization for Standardization）規格に合わせて，工具の形状をその働き

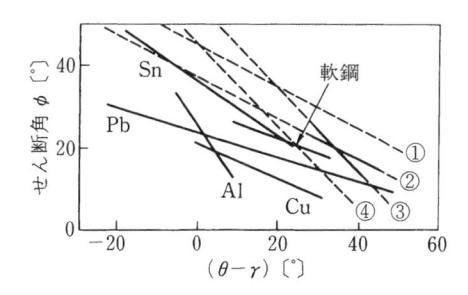

① $2\phi+\theta-\gamma=\dfrac{\pi}{2}$ （Merchant）
② $2\phi+\theta-\gamma=77°$ （Merchant）
③ $\phi+\theta-\gamma=54°$ （中山）
④ $\phi+\theta-\gamma=\dfrac{\pi}{4}$ （Krystof）

図 3.7 せん断角の測定例

によって定義している。以前は工具の種類によって独自の名称が付けられていたが，それでは関連がわかりにくいので，バイト，フライス，ドリルなどの工具で同じ働きをする角度や切れ刃はできる限り同じ名称を，少なくとも同じ記号を用いるようにしている。

定義は図 3.8 に示すように，まず大別して主運動方向（切削方向，v 軸），それに垂直な送り運動方向（f 軸）およびその両方に垂直な方向（p 軸）を定義したとき，主運動方向に垂直な面（P_r 面）を基準にした場合（工具系）と主運動と送り運動の合成した合成切削運動の方向に垂直な面（P_{re} 面）を基準にした場合（作用系）に分け，それぞれ別々に定義している。作用系には添え字 e を付ける。

工具系基準方式は，工作機械の主運動，送り運動，および切込み運動を基準

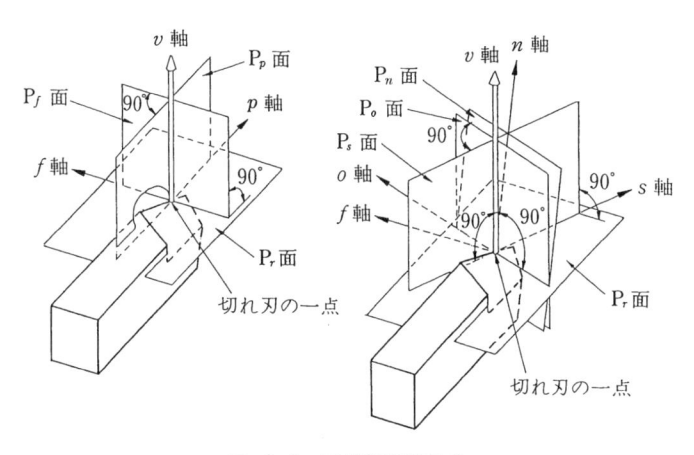

図 3.8 工具系基準方式

にしているので工具の製作，測定，取り付けに際して便利である。通常の切削の場合，主運動である切削速度に比べると，送り運動である送り速度は1/100〜1/1000であるので，工具系と作用系の角度の差はわずかである。

工具系について説明すると，工具の角度の測定面はつぎの6面が定義されている。

① 基準面：切れ刃の一点を通り，主運動方向（切削方向，v軸）に垂直な面（P_r面）
② P_r面に垂直で，かつ送り方向に平行な面（P_f面）
③ P_r面に垂直で，かつ切込み運動方向（p方向）に平行な面（P_p面）
④ P_r面に垂直で，かつ切れ刃に接する面（P_s面）
⑤ P_r面に垂直で，かつP_r面に投影した切れ刃稜に垂直な面（P_o面）
⑥ 切れ刃に垂直な面（P_n面）

副切れ刃については，記号に「'」を付けて同様な定義がなされる。

〔7〕 **切れ刃形状の効果**　図 3.9 に切れ刃部の諸角を示す。それぞれの

χ：切込み角（cutting edge angle）
χ'：副切込み角（minor cutting edge angle）
ψ：アプローチ角（approach angle）
ε：刃先角（included angle）
λ：切れ刃傾き角（cutting edge inclination）
γ_o：垂直すくい角（orthogonal rake angle）
γ_f：サイドすくい角（side rake angle）
α_o：垂直逃げ角（orthogonal clearance angle）
α_o'：副切れ刃の垂直逃げ角（minor orthogonal clearance angle）
α_f：サイド逃げ角（side clearance angle）
β_o：垂直刃物角（orthogonal wedge angle）
β_f：サイド刃物角（side wedge angle）
r_ε：コーナ半径（corner radius）

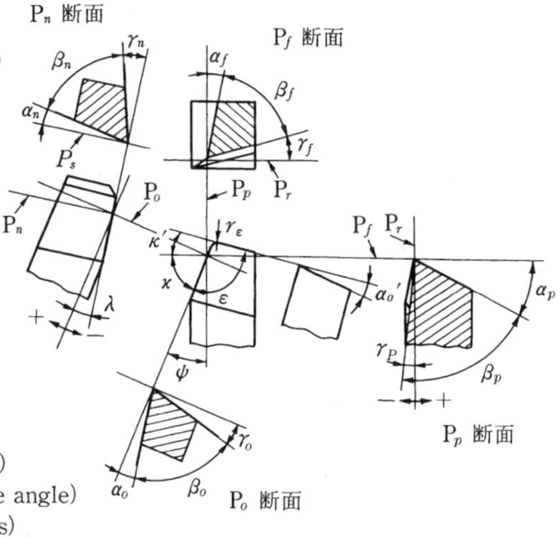

図 3.9 切れ刃部の諸角

測定面で測定される角度には測定面を表す添え字を付ける。

1) すくい角 すくい角 γ は，P_r 面に対するすくい面の傾きを表す角で，切れ刃傾き角が 0°のとき，切りくずは切れ刃にほぼ垂直に流出するので，垂直すくい角 γ_o は切れ刃の切削性能を判断するのに重要な角度である。すくい角が大きいほど，切削力は低下する。特に送り分力の低下が著しい。しかし，大きすぎると刃物角 β が小さくなり，刃先の強度が低下するので，普通 $-5 \sim 15°$ 程度にとる。

2) アプローチ角 アプローチ角 ψ は，刃先の強化のほかに，切りくずがすくい面上を流れるときに仕上げ面をこすらないように離れて行くようにさせる働きをする。上述のように，切りくずは切れ刃傾き角がなければ切れ刃に垂直に排出される。アプローチ角は，普通 $5 \sim 15°$ にとられる。

3) 切れ刃傾き角 切れ刃傾き角 λ は，切れ刃の稜が切削方向に垂直でない場合，その傾いた角度を指す。図に切れ刃傾き角が 0°でない場合を示す。この場合，切りくずのすくい面上の流れは切れ刃の稜線に垂直方向ではなく，η だけ傾いた方向へ流れる。このように切れ刃傾き角 λ があると，切りくず流出に η の角度を有し，3 次元でしか表せない切削状態となるので，切れ刃傾き角がある場合を「3 次元切削」ということもある。実験によると，$\eta \fallingdotseq \lambda$ となる。これを，発見者の名前をとってスタブラーの法則という。

切削性能は，切りくずの流れ方向の角度で定まるので，切りくずの流れ方向に沿って測定したすくい角を**有効すくい角** γ_e という。γ_e は次式で表すことができる。

$$\sin \gamma_e = \sin^2 \eta + \cos^2 \eta \, \sin \gamma_n \tag{3.16}$$

ここで，γ_n は直角すくい角で，$\tan \gamma_n = \tan \gamma_o \cos \lambda$ である。

図 **3.10** に η と γ_e の関係を示す。すなわち，切削性能を向上させるには，すくい角 γ だけではなく，切れ刃傾き角 λ を大きくすることもかなり有効であることがわかる。また，切りくずを仕上げ面に接触させないように，切りくずの流出方向を変えたい場合にも有効な角度である。また両面使用の**スローアウェイチップ**（throw away insert あるいは indexable insert）は，刃物角が

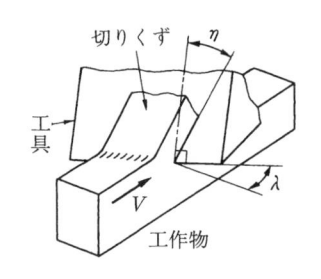

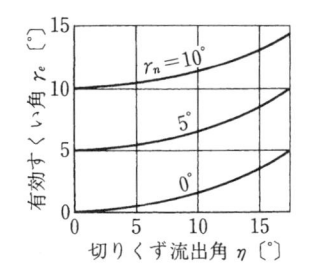

図 3.10 切りくず流出角と有効すくい角

90°であるので，切れ刃傾き角およびすくい角を負にして逃げ角をプラスに確保する場合もある。

4) **副切込み角**　副切込み角 χ' は副切れ刃の切込み角で，主切れ刃のほかに副切れ刃でも切削する工具の場合は，その目的に適した角度にする。バイトの場合は，仕上げ面に当たらないように逃がしている角度で，前切れ刃角ともいう。この角度を大きくすると刃先が弱くなるので，通常 5〜6° 程度にする。

5) **逃　げ　角**　逃げ角 α は，仕上げ面に工具逃げ面が当たって摩擦しないように逃がしている角度で，大きくすると刃先が弱くなるので，通常 5〜6° 程度にする。また逆に逃げ角が小さいと，逃げ面摩耗幅の進行が速くなる。

6) **コーナ半径**　主切れ刃と副切れ刃の境のコーナ部は通常円弧で結び，それをコーナ半径 r_ε という。刃先の強化のほかに，仕上げ面の表面粗さ向上の効果がある。送りを f とすると，形成される粗さは図 3.11 に示すように幾何学的に求まる。これを理論粗さ R_{th} といい，次式で表される。

$$R_{th} = \frac{f^2}{8r_\varepsilon} \tag{3.17}$$

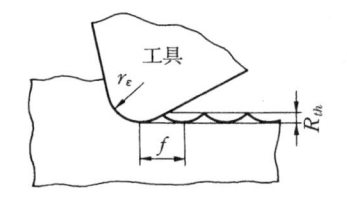

図 3.11 理論粗さ

この式からわかるように,表面粗さを向上させるためには,通常は送り f を小さくするのであるが,ヘールバイトのように r_ε を極端に大きくした工具を使う場合もある。しかし,一般にはコーナ半径部は切れ刃が曲がっており,この部分で生成される切りくずがそれぞれ切れ刃に垂直に流れようとするので,たがいに干渉されたり,仕上げ面に近い部分の切取り厚さが小さくなることによって,切削力が増大する。特に,背分力が大きくなる。

7) **切れ刃の丸み** 比切削力 K_s に寸法効果が生じる原因の一つに,切れ刃の丸みが挙げられる。刃先の丸みは,高速度鋼や超硬合金工具の場合5〜20 μm 程度であるので,刃先の丸みを入れて切削部の図示をすると(図 2.7),切取り厚さ h が小さい場合には,おもに丸みの部分で切削が行われ,実質すくい角が減少し,切削性能が著しく損なわれることが理解できるであろう。

高速度鋼などは事前に鋭く研いでおいても鋼類を切削するとすぐに鈍化し,切れ刃の丸みは 20 μm 程度まで鈍化し,その後は安定する。ダイヤモンドの成形バイトでは,数十 nm の丸みという鋭い切れ刃を形成でき,またアルミ材などとの摩擦も小さいことから,このような材料の超精密加工に利用される。

微小切削を行うためには,刃先の丸みの管理が必要である。

表 3.2 にバイト各角の効果をまとめて示す。

表 3.2 バイト各角の効果

項 目	大きくとった場合		標準値
	利 点	欠 点	
アプローチ角	刃先強度増大 切りくずが手前に流れる	90°隅が削れない	15°前後
垂直すくい角	切削力減 背分力は特に減少 構成刃先減少	切刃強度低下	5〜15°
逃げ角	逃げ面摩耗幅減少	切れ刃強度低下	5〜10°
切れ刃傾き角	切りくずが手前に流れる (片刃バイト時に適用) 有効すくい角増大	刃先強度低下	−6〜6°
コーナ半径	仕上げ面粗さ向上 刃先強度増大 切りくずが手前に流れる	びびりやすい	0.4〜2 mm

3.1.2 円筒加工用工具の形状（バイトの刃先形状とその働き）

〔1〕 **単一切れ刃工具**　円筒状の形状を加工するためには，工作物を回転し，それに工具を当てて削る方法が最もよくとられる。これを**旋削**（turning）という。そのための工作機械として**旋盤**（lathe）がある。旋盤におもに用いられる工具は**バイト**である。バイトは刃先が一つで，工具を保持するためのシャンクが付いている。刃先の1点で加工を行うので，**単一切れ刃工具**（single point tool）といわれている。文字通り1点で切削を行っているように切削面積を小さくできる。また，工具形状に対する自由度が大きいので，切削性能のよい切れ刃形状に成形することができる。そのため，発生する切削力を極力小さくでき，精密加工を行う上で好都合である。また，1点切削であるので，創成加工の原理に沿った加工ができる。

バイトの刃先形状を示すのに，通常つぎの順序で表示している。

$$\lambda,\ \gamma_o,\ \alpha_o',\ \alpha_o,\ x',\ \phi,\ r_\varepsilon$$

〔2〕 **精密加工を行うには**

1） 寸法精度　円筒加工において，寸法誤差の生じる原因は，切削力による工作物のたわみ変形，熱膨張，工具の位置決めなどが考えられる。円筒素材は，その両端あるいは一端で保持するので，細長い工作物では両センタ法で加工しても切削力によってたわみ，結果として中太の形状に仕上がる。

対策としては，まず仕上げ削りにおいて，切削力，特に背分力を極力小さくなるように条件を整えることが肝要である。切込み深さ，送り量を小さくすること，すくい角を大きくすること，摩耗した工具を使わないことである。

すくい角を大きくすると背分力の減少が著しいので，その効果は大きい。仕上げ工程で切込みや送りが小さすぎると切れ刃の丸みなどの影響で，比切削力が増大し，かえって不安定になる。そのため鋼の切削では，切込み深さ $0.3\sim1\,\text{mm}$，送り量 $0.05\sim0.2\,\text{mm}$ で行う。また軽切削では，切削温度が上がらず，構成刃先が生じやすいので，高速切削で行う必要がある。

工具の摩耗は切れ刃の後退によって仕上り寸法が拡大することのほか，逃げ面の摩耗部分が工作物加工面と強く接する（この部分の圧力は材料の降伏応力

に近い)ので，大きな背分力を生じさせる。このため仕上加工においては，逃げ面の摩耗幅が 0.2 mm 程度になったときを工具寿命として工具の交換を行う。

2) 表面粗さ　切削による除去加工は，工具で工作物に部分的せん断変形を与えて切りくずとして取り去るものなので，せん断変形部分は切りくずとなる部分だけでなく，製品として残る表面部分にも生じる。2 章で述べたように工具の切れ刃は，完全にはとがっておらず，ある程度の鈍さがあり，塑性変形のための力と発熱があり，親和性の強い新生面が工具と接し，また，材料にも結晶粒による部分的強弱がある。そのため，加工された面は微視的にみれば，工具・工作物の相対運動から形成される形状には仕上がらない。

このように切削加工によって作られる面は種々の原因によって微小な凹凸，すなわち粗さを持った面に仕上がる。凹凸の中で比較的周期の短いものを「表面粗さ」，周期の長いものを「うねり」と呼ぶ (5 章参照)。

表面粗さには，3.1.1 項で示したコーナ半径と送り量で定まる理論粗さとそのほかの原因による粗さに大別される。

(a) 理論粗さ　理論粗さは式 (3.17) に示すように送り量を小さくとれば十分に小さい値が得られる。大きな送り量で小さな理論粗さにするためには，コーナ半径の大きなものを使えばよい。

ヘールバイト (spring-necked turning tool) は，このような目的を達成するためのものである (図 **3.12** (a))。半径数十 mm の切れ刃を持ち，首の曲

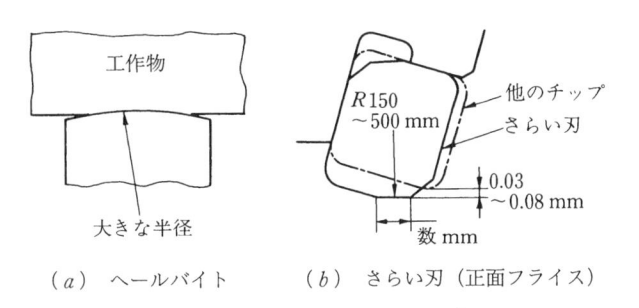

(a) ヘールバイト　　　(b) さらい刃 (正面フライス)

図 **3.12**　理論粗さを小さくする方法

がったシャンクがばねの働きをして，食い込みとびびりを防ぐ．低切削速度で加工をする．

別の方法として，送り量を越える長さの範囲に副切込み角を0°，すなわち仕上げ面に平行な切れ刃を設けることによって，理論粗さ0となるようにする方法がある．切れ刃のこの部分を**さらい刃**（flat drag）という．

表面粗さが生じるそのほかの原因をつぎに示す．

（**b**）**切れ刃の輪郭形状**　切れ刃の輪郭は微視的にみれば細かい凹凸があり，計画された形状とは異なる．超硬合金工具は硬い粒子を焼結して作っているので，顕微鏡でみれば細かい凹凸がある．その形状が工作物に転写されることになる．さらに工具の摩耗は一様にはならず，切削方向に筋の入った模様になることが多い．特に，工具の切削域の境目に生じる**境界摩耗**（boundary wear あるいは notch wear）と呼ばれる摩耗は**図 3.13**に示すように，ちょうど理論粗さの山に相当するところが摩耗して工具に溝ができ，その溝が工作物に転写されて大きな山となって表面粗さを著しく増加させる．

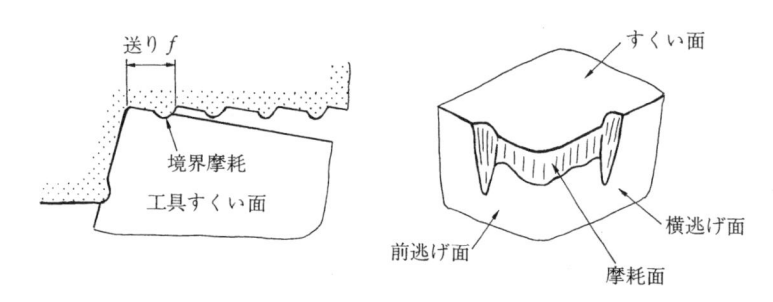

図 3.13　前逃げ面の境界摩耗による仕上げ面粗さの増加

（**c**）**び び り**　2章で述べたように，びびりが生じると表面粗さは非常に大きくなる．旋削では，総形バイトによる突切り，溝入れ，細長い棒材の加工，薄肉円筒の加工のときなどに生じやすい．びびりを防止するには，原因に応じて手段がとられる．

共振周波数が主軸回転数に絡んでいるときはその回転数の変更，中ぐり加工などで工具の剛性に関係している場合は工具の改良，工作物長さに関係してい

るときは振れ止めの使用などの手段がとられる。

（d） **切削幅端の盛り上がり**　工具と工作物がかみ合うとき，工具の切削域の両端では材料は側方向に逃げ，盛り上がりを生じて工作物に残る（**図3.14**）。この表面粗さは，延性の大きな材料を鈍い工具で削るときに大きくなる。

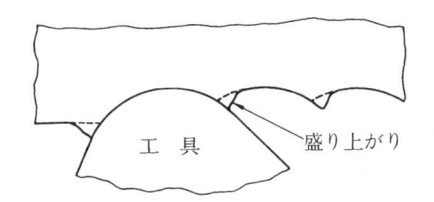

図 3.14　切削幅端の盛り上がりによる表面粗さの増加

（e）**構 成 刃 先**　延性と加工硬化性のある材料を削ると，**図3.15**に示すように，工具先端に工作物材料の一部が凝着する。凝着した部分は激しい塑性変形のために加工硬化し，あたかも刃先のようになって，この部分で切削が行われるようになる。これを**構成刃先**（built-up edge）という。構成刃先はすくい面の前方だけでなく，切取り厚さ方向にも成長しており，正規の工具刃先のように形が整っているものではなく，その形状が転写されて仕上げ面は粗くなる。したがって，構成刃先が生じているときは光沢のある面はできない。

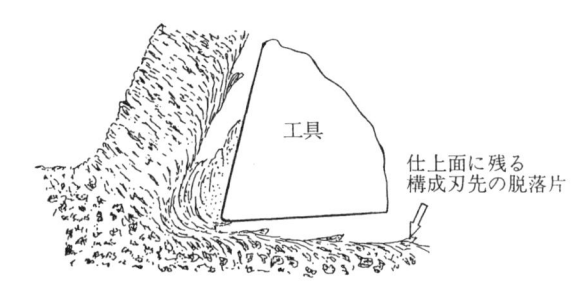

図 3.15　構成刃先の脱落表面粗さ悪化の説明図

さらに，構成刃先は生成脱落を繰り返す。その脱落の際，構成刃先の先端の一部は仕上げ面に残される。このため，仕上げ面はむしられたような大きな段差のあるところが点々と並んだ状態になる。切取り厚さが大きいと，構成刃先

も大きくなり，脱落片も必然的に大きい。

　構成刃先の発生を回避するには，切削速度を上げて切削温度を材料の再結晶温度以上になるようにして，材料が硬化しないようにするのが確実である。また，逆にごく低切削速度にして，すくい角を大きくしたり，切削油を供給してすくい面を潤滑して，構成刃先がすくい面に凝着しにくくすることも効果がある。

　3) 変 質 層　　切削加工では，大小の差はあるものの，工作物仕上げ面下層に**変質層**（flow layer あるいは damaged layer）が残ることは避けられない。切削においては，切削力による工作物の塑性ひずみが，切取り厚さの範囲を越えて仕上げ面下層となる部分まで及ぶからである（**図 3.16**）。

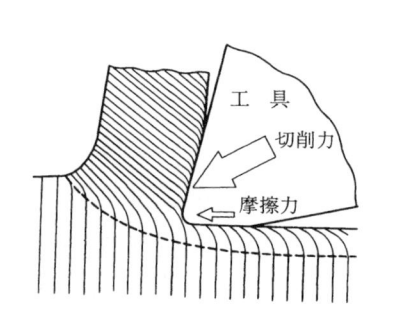

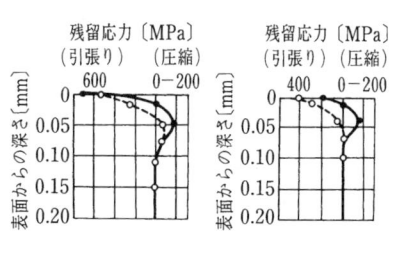

（a）切削力による変質層の形成　　　　（b）切削条件と残留応力

送り 0.25 mm/rev　　送り 0.05 mm/rev
○円周方向，●軸方向
材料 S 45 C，切削速度 160 mm/min，切込み 0.8 mm，乾式長手旋削

図 3.16 変 質 層

　工具の逃げ面にフランク摩耗があると，その面の圧力は材料の降伏圧力に達していると考えられる。このとき，その圧力と摩擦熱によって仕上げ表面下層はさらに変質している。場合によっては，高温のため非晶質層ができることもある。変質層における金属材料の組織はひずみ，硬化しているとともに，大きな応力が残留している[11]。残留応力は経年変化の原因になる。また，残留応力があると金属材料は，腐食，摩耗に弱くなり，メッキの際の付着度にも影響を及ぼす。

　変質層を小さくするには，鋭い工具で軽切削の仕上げ加工を行い，極力切削

力を小さくすることである。切削で不十分なときには，研削による仕上げ加工を行う。研削加工は，寸法精度の向上だけではなく，表面粗さの向上，表面下変質層の減少にも有効である。

〔3〕 **工作物保持**　旋盤作業における工作物の保持の方法として，通常，センタによるもの，チャックによるもの，および面板によるものの3通りがある。

面板は四つづめチャックでもつかむことができないような工作物を，その工作物専用に製作された取付具を介して面板にT溝を利用して取り付けるものである。

1) **センタ作業**　センタ作業（center work）は長い工作物の場合に用いられる。前加工として，工作物の両端面の中央に**センタドリル**（center drill）でセンタ穴を加工しておき，旋盤のほうには主軸端と心押台の軸穴にセンタを取り付け，工作物のセンタ穴とはめ合わせることによって取り付ける（図 *3.17*）。

(*a*)　両センタ法　　　　(*b*)　チャック・センタ法

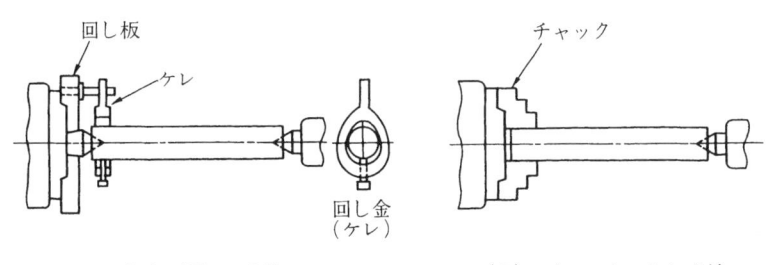

図 *3.17*　円筒工作物の保持

工作物を回転駆動させるために，工作物に**回し金**（ケレ，dog あるいは carrier）を取り付け，主軸側に取り付けた回し板によって駆動する。両端をセンタで支えることで工作物の無用なひずみを極力少なくできる。

主軸側をチャックで保持した場合，工作物の反対側のセンタ穴が心押し台側のセンタと心が合わないと，工作物を曲げて取り付けることになる。この状態で精密加工しても，加工後に工作物を取り外した際に弾性変形していた曲げが

戻るため，真直な円筒にならない。この場合，工作物は心押し台側のセンタから先に合わせ，チャックでは浅くつかんでつめ面の拘束を弱めた取り付け方をしたほうがよい。

　工作物の回転中心はセンタとセンタ穴の滑り回転によって定まるので，この部の滑り回転精度は工作物の真円度に直接影響を及ぼすことになり，重要である。理論的にはセンタの真円度がよく，センタ穴が3点で接触していれば振れが起きないことになる（図 *3.18*）。

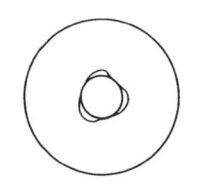

図 *3.18* センタ穴と回転精度

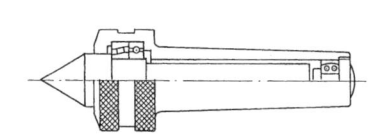

図 *3.19* 回転センタ

　心押し台側のセンタが静止センタであると，センタとセンタ穴の間で滑り作用が起きる。そのため，高速切削する際は，発熱のためにセンタに損傷を与えるので回転センタ（図 *3.19*）を使用することが多い。しかし，回転センタに振れがあると，それが工作物の形状誤差に影響を及ぼすことがある。

　工作物が非常に長い場合には，切削力による工作物のたわみが大きくなるので，**振れ止め**（rest）を用いることがある。振れ止めには，ベッドに取り付ける**固定振れ止め**（steady rest）と，往復台の上に取り付けてバイトの移動とともに移動する**移動振れ止め**（follow rest）がある（図 *3.20*）。いずれにし

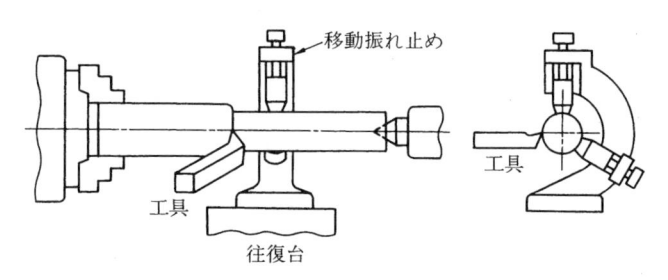

図 *3.20* 移動振れ止め

ても振れ止めで支えたために新たなひずみを生じさせることのないように慎重な位置決めが必要である。

固定振れ止めは，工作物のセンタ間を軸としたとき，加工表面の振れがないようにしなければ取り付けられないので，一度捨て削りを行って固定部の心を出してから，振れ止めを取り付ける。そうしないと，かえって曲がった軸を加工しかねない。移動振れ止めの場合は，加工した直後を支えながらバイトの移動に追随するので，切削力による工作物のたわみを効果的に防止できる。

先に穴が仕上げられ，それに同心の外径を仕上げたい場合は**マンドレル**（心金，mandrel）を用いる。マンドレルは，工作物取り付け面にわずかなテーパが付けられていて，工作物の穴径に誤差があっても，工作物を差し込んだときどこかで止まることになる。穴径のばらつきの大きな場合は，開き心金形式のものもある（図 **3.21**）。

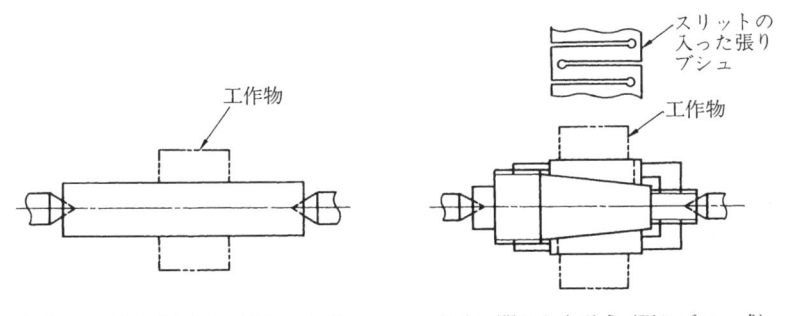

(a) 中実心金形式（外形テーパ式)　　(b) 開き心金形式（張りブシュ式）

図 **3.21** マンドレルによる同心加工

2) チャック作業　　チャック作業（chuck work）は短い工作物の場合に用いられる。通常，主軸端に取り付けられたチャックで保持し，片持ち形式で加工する。円筒削りだけでなく，端面の平面削り，中央部の穴あけ，中ぐりなど，複雑な形状の加工が可能となる。

チャックには，**四つづめ単動チャック**（independent chuck）と**三つづめスクロールチャック**（scroll chuck）がある。四つづめチャックは，各つめを単独に動かすことができるので，円筒でない素材もつかむことができる。三つづ

めチャック（図 *3.22*（*a*））は各つめが連動して動き，円筒素材を正確に心を出してつかむことができる。片方を加工した後，反転して今までチャックでつかんでいたところを加工するときに便利である。

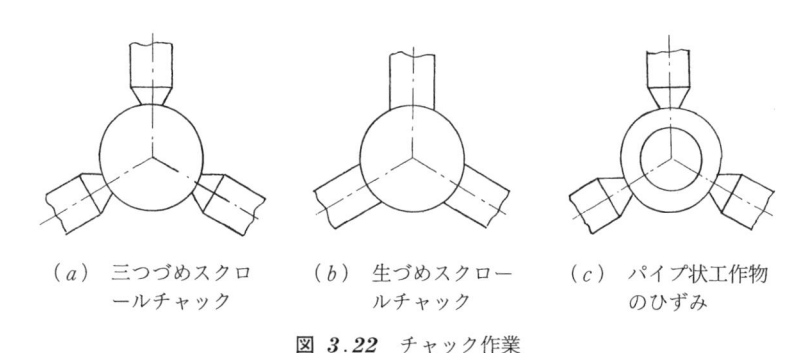

（*a*）三つづめスクロールチャック　　（*b*）生づめスクロールチャック　　（*c*）パイプ状工作物のひずみ

図 *3.22*　チャック作業

チャックのつめの同心度を出すためには，旋盤に装着後，主軸でチャックを回転させながらつめを削る。

また，硬いチャックで狭い幅をつかんで素材に傷が付くことを避けるために，焼入れをしていない鋼のつめを，その都度，工作物の直径に合わせた円弧に削って使用する生づめ形式のものもある（図（*b*））。

チャック作業での注意事項は，必要以上の力でつかまないことである。つかまれた素材の部分は，その力によってひずむということを念頭に入れておかなければいけない。特に，中央に穴のあるパイプ状のものは，ひずみやすいので気を付けねばならない（図（*c*））。しっかりつかむということは安全ではあるが，加工精度は劣化するのである。

3.1.3　平面加工用工具の形状

〔*1*〕　**フライス削りの特徴**　　平面加工は，工具と工作物を加工面に対して直線に相対運動させることによって行われる。そのうち，工具としてバイトを使い，その工具を直線往復運動させる機械を形削り盤，工作物を直線往復運動させる機械を平削り盤という。切削速度の高速化の困難さ，復路が非切削時間となるための能率の悪さなどの欠点がある。工具にフライスを使う回転切削運

動では，前述のことが克服しやすい．ここではフライスによる平面加工について記述する．

フライス削り（milling）は，テーブルの上に工作物を取り付け，それを左右，前後，上下の3方向に直線運動させ，円周に数枚の切れ刃を持った回転工具で切削を行う．図 *3.23* に各種フライス工具を示す．

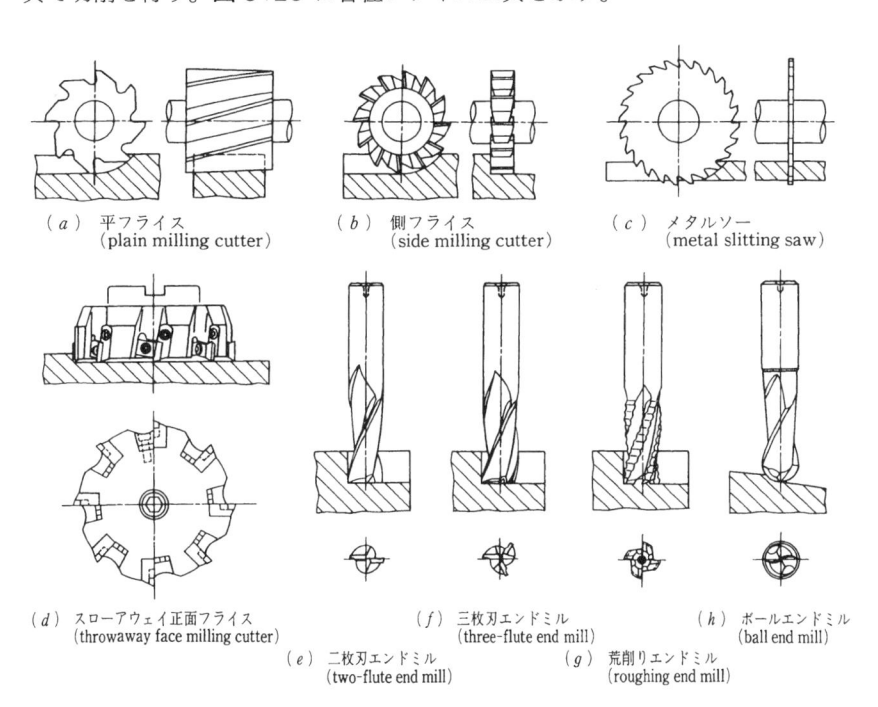

(a) 平フライス
      (plain milling cutter)

(b) 側フライス
      (side milling cutter)

(c) メタルソー
      (metal slitting saw)

(d) スローアウェイ正面フライス
      (throwaway face milling cutter)

(e) 二枚刃エンドミル
      (two-flute end mill)

(f) 三枚刃エンドミル
      (three-flute end mill)

(g) 荒削りエンドミル
      (roughing end mill)

(h) ボールエンドミル
      (ball end mill)

図 *3.23* 各種フライス工具

フライス盤加工の特徴は，回転工具なので切削速度の高速化がしやすいこと，数枚の切れ刃が円周に付いているので間断なく切削が行われ，非切削時間が少ないかまたは生じないこと，すなわち加工能率が高いことである．また，細い工具を用いて溝削りなどの複雑な形状を創成加工で行うことができる．

しかし，各切れ刃については，工具の回転ごとに切削が中断する断続加工になる．それは振動を生じることになり，加工精度，切れ刃のチッピング，切れ刃の熱疲労によるクラックの発生など悪影響の危険がある．しかし，切りくず

は短くなり処理しやすく，各切れ刃は非切削時間帯に冷却されるので工具の加熱に対しては利点がある。

フライス削りにおいては，フライスの回転方向と送り方向との組合せに図 **3.24** のような二つの方法がある。図（a）はフライスの回転方向と送り方向が反対の削り方で，切れ刃は仕上げ面から接触し，切りくずを前方へ削り出す。このような削り方を**上向き削り**（up cut milling あるいは conventional milling）という。切削初めの切取り厚さが 0 から始まるので衝撃が少ない。また，切削力の方向が送り方向と反対方向なので，工具が切削力によって食い込むおそれがないという利点がある。ただし，切削初めに切りくずが生じるまでに滑る期間がある。このような滑りの期間は工具摩耗を著しく増加させる。そのため，短い期間であっても全体の工具摩耗量に明らかに影響する。

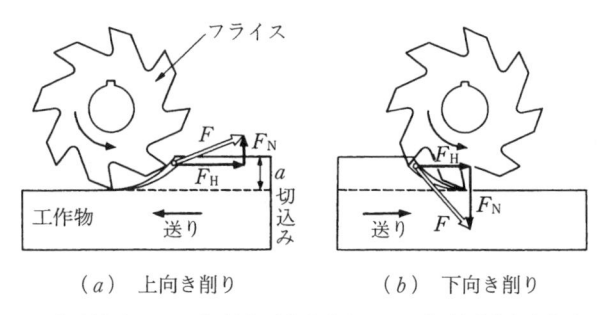

（a）上向き削り　　　（b）下向き削り

F：切削合力，F_H：切削水平方向分力，F_N：切削垂直方向分力

図 3.24　上向き削りと下向き削り

図（b）はフライスの回転方向と送りの方向が同一方向の場合である。切れ刃は被削面側から加工を始め，切りくずを後方の仕上げ面側に削り出す。このような削り方を**下向き削り**（down cut milling あるいは climb milling）という。切削初めに最も切取り厚さの大きなところから切削を開始するので，衝撃が大きい。しかし，上向き削りの場合のような滑りの期間がないので，工具摩耗に対しては有利である。そのほか，工作物をテーブル側へ押し付ける方向へ切削力が働くこと，切りくずが後方へ削り出されるため切削の邪魔にならないことなど利点が多い。しかし，切削力の方向は，工作物を引き込む方向へ働く

ので，送り機構にあそびがあると，工作物が引き込まれ，工具が破損する危険がある。したがって，この方式で加工を行うためには，工作物送り機構にバックラッシ除去機構が備えられていることが必要である。

〔2〕 **正面フライスによる平面加工**　正面フライスは，円筒端面の周囲に4～12個の切れ刃を取り付けた形になっている。工具一回転につき，その数だけ切れ刃が通過するので効率が高い。**図 3.25** に切れ刃形状を示す。JISでは角の呼称にはフライス独特のものがあるが，記号は切削用語（基本）に合わせてある。工具は外周側を主切れ刃として，軸方向に切込みを入れ，半径方向に送りをかける。切削できる最大の幅はフライス直径である。

χ：切込み角
χ'：副切込み角
ϕ：アプローチ角
ε：刃先角
λ：切れ刃傾き角
γ_o：垂直すくい角
γ_f：ラジアルレーキ
　　　(radial rake angle)
γ_p：アキシャルレーキ
　　　(axial rake angle)
α_o：垂直逃げ角
α_f：サイド逃げ角
β_o：垂直刃物角
β_f：サイド刃物角
$r\varepsilon$：コーナ半径

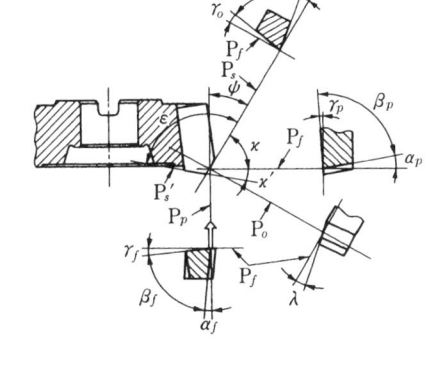

図 3.25　正面フライスの角度（JIS B 0170）

正面フライスで平面を削る場合，切削開始点の食付き角は重要であり，その角度を**エンゲージ角**（engage angle）といい，**図 3.26** に示す。超硬合金チップを使用した鋼材の高速正面フライス加工をする際は，エンゲージ角は負に設定したほうが，疲労工具寿命に関してよい結果が得られている。正の角度に設定すると，すくい面からの欠けが生じやすく，寿命が低下する[12]（図(b)）。また，ディスエンゲージ角も負の方が，初期破損が起こりにくくなる[13]。

正面フライスには円周に数枚の切れ刃が付いており，各刃の位置の振れを**刃

(a) エンゲージ角

(b) エンゲージ角と寿命

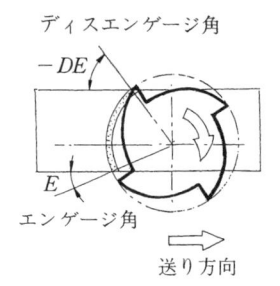

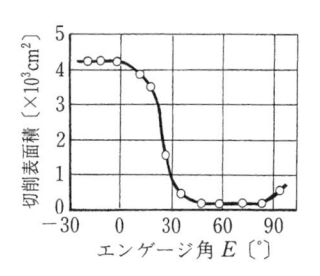

被削材：S 50 C
切削速度：165 m/min
工具：P 30（超硬）
被削材幅：65 mm

図 3.26 エンゲージ角

振れという。軸方向の刃振れは，仕上げ面粗さに影響を及ぼす。切れ刃は，衝撃によるチッピングを防止するため，0.1 mm 程度の幅ですくい面に対して約 30°の傾斜を持った面取りを施すことが多い（チャンファホーニングという）。したがって，その幅以下の切取り厚さの加工をすると，比切削力の増加や構成刃先の発生などにより，かえって粗さが増大することがある。構成刃先を生じないような高速切削加工ができるように，高速適用工具材の使用が望ましい。

そのほか対策としては，さらい刃の付いたチップだけを 0.05 mm ほど突き出して，この刃で仕上げ加工をする方法も行われる（図 3.12）。

フライス回転軸と送り方向の直角度が正確であれば，前方の切削域だけでなく，後半の回転部分でも切れ刃は加工面に接するので，図 3.27 に示すようなあやめ模様が生じる。フライス軸が傾いていると中凹の面が生じる。

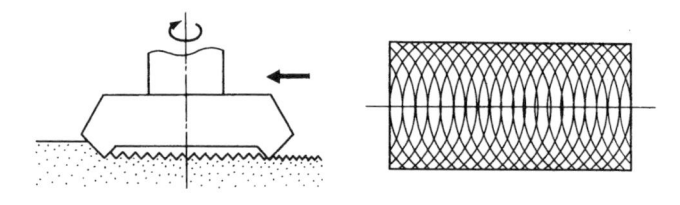

図 3.27 正面フライス加工における加工面模様

3.1 切削工具　59

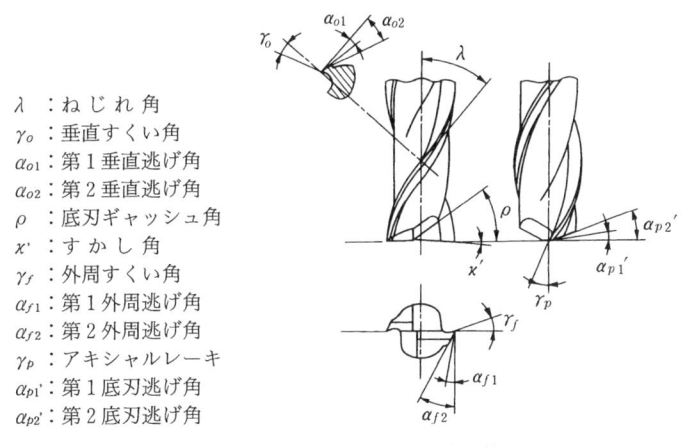

λ ：ねじれ角
γ_o ：垂直すくい角
α_{o1} ：第1垂直逃げ角
α_{o2} ：第2垂直逃げ角
ρ ：底刃ギャッシュ角
χ' ：すかし角
γ_f ：外周すくい角
α_{f1} ：第1外周逃げ角
α_{f2} ：第2外周逃げ角
γ_p ：アキシャルレーキ
$\alpha_{p1'}$ ：第1底刃逃げ角
$\alpha_{p2'}$ ：第2底刃逃げ角

図 3.28　エンドミルの刃先形状

〔3〕**エンドミルによる加工**　エンドミルは，円筒の外周にねじれた切れ刃を設けたもので，溝の加工に用いられる．端面の中心まで副切れ刃の付いた工具もあり，溝加工の初期に軸方向に穴をあけることができる（**図 3.28**）．

側面加工において，切込みが深いと，上向き切削の場合，切削合力はエンドミルを工作物に食い込ませる方向に働く．切れ刃はねじれているので，**図 3.29**

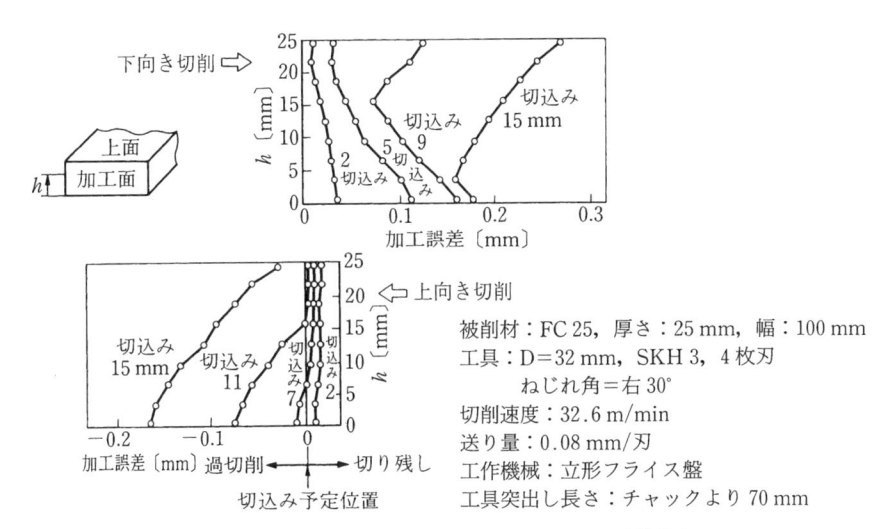

被削材：FC 25，厚さ：25 mm，幅：100 mm
工具：D＝32 mm，SKH 3，4枚刃
　　　ねじれ角＝右30°
切削速度：32.6 m/min
送り量：0.08 mm/刃
工作機械：立形フライス盤
工具突出し長さ：チャックより70 mm

図 3.29　エンドミルで側面加工するときの形状精度

に示すように仕上げ面にかかっている切れ刃の部分は過切削を生じることになる[14]。

切込みが浅い場合や下向き切削の場合は，切れ刃は工作物からつねに離れる方向に切削力が働くので，切り残しを生じる。

上向き削りの場合に，切込みを適切に選ぶと（図ではエンドミル直径の1/8程度），切削合力の方向が加工面に平行になり，エンドミルのたわみの方向が加工面に平行になるので，形状誤差が減少する。

切れ刃のねじれ角は，切れ刃の働きとしては切れ刃傾き角に相当し，ねじれ角を大きくすると，有効すくい角が増大して比切削抵抗が減少することのほか，同時切削幅も小さくなり，切削抵抗の方向も背分力が工具の半径方向から軸方向のほうへ傾く。したがって，工具の半径方向分力が著しく減少する。仕上げ加工のように切込みが小さい場合は，強ねじれ角のエンドミルが高精度加工に有効である。図 **3.30** にねじれ角と半径方向切削分力および形状誤差の変化を示す[15]。

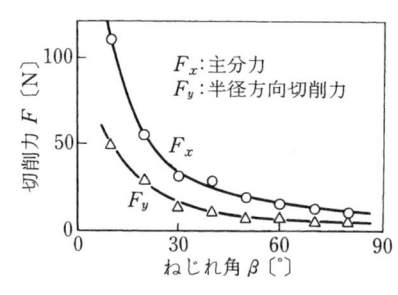

(a) 切削力（主分力，半径方向分力）とβとの関係

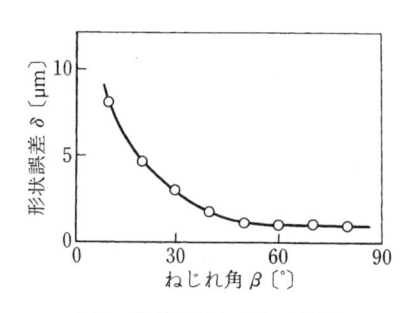

(b) 形状誤差とβとの関係

エンドミル径：10 mm，材質：超硬，垂直すくい角：5°，マージン幅：0.015 mm，被削材：黄銅，切込み深さ：0.1 mm，送り量0.1 mm/刃，上向き削り

図 **3.30** エンドミルのねじれ角と半径方向切削分力

エンドミルで溝を加工する場合，2枚刃のほうが精度の高い加工ができる。3枚以上の切れ刃を持つ工具では，一つの切れ刃が仕上がり面（加工初めおよび加工終わり）を切削しようとするとき，ほかの切れ刃がまだ切削を行って

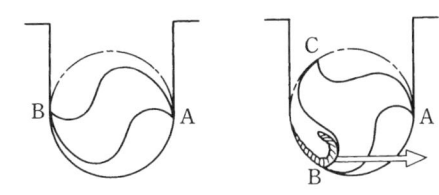

図 3.31　2枚切れ刃と3枚切れ刃の受ける切削力

いるため，その切れ刃が受ける切削力でエンドミルがたわむからである（図 3.31）。2枚切れ刃でもねじれ角が大きく溝が深いと同様な現象が生じる。

複雑な曲面を加工するためには**ボールエンドミル**（ball end mill）を使用する。この工具を使ってNC工作機械で曲面加工を行う場合，NCプログラムは，仕上がり曲面で組まれ，エンドミルの先端半径分だけオフセットした曲線をNC装置内で計算して機械を駆動する（図 3.32）。工具の先端すなわち軸心は，切削速度が得られず，また切れ刃も成形しにくいので切削性能はよくない。

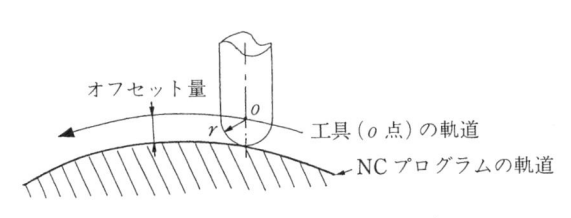

図 3.32　ボールエンドミルによる加工

〔4〕　**工具・工作物の保持**　　フライス工具は，回転工具なので，心出しが重要である。主軸端は通常7/24のテーパ穴が設けられている。これにカッタアーバを差し込み，ねじで引き締める（図 3.33）。取付け剛性を上げるために，テーパ部と端面が同時に接着する形式のものもある（図（b））。エンドミルは，これにコレットホルダを介して取り付けられる。取付け剛性は加工精度のみならず工具寿命に大きな影響を及ぼす。

工作物の保持具としては，通常バイスが用いられる。バイスでつかむために

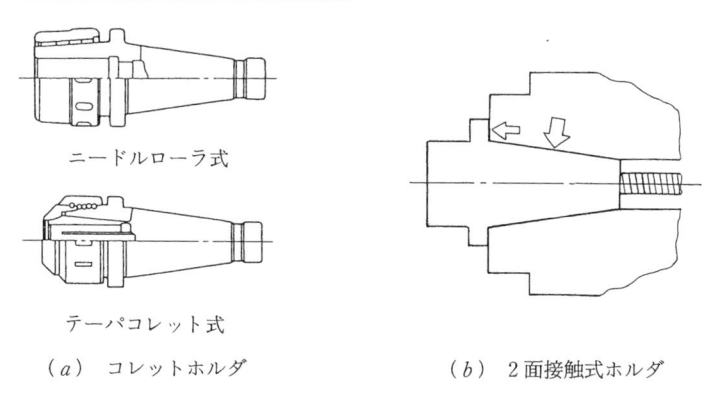

(a) コレットホルダ　　　(b) 2面接触式ホルダ

図 3.33　工具取付部

は，一対の平行な平面が素材にあることが望ましい。しかし，素材状態では，形が整っていないことが多いので，取付けには細心の注意が必要である（図 3.34）。

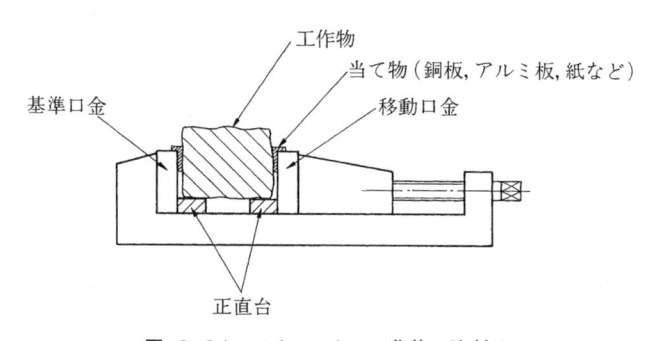

図 3.34　バイスによる工作物の取付け

一部浮いた状態で締め付けると，素材はひずんだ状態で保持される。この場合，捨て加工といって工作物をひずまないようにつかむために，前加工することがある。平行な面が作れない場合には，その素材を取り付けるための取付具を用意しなければならない。鋳造品など複雑な素材形状のときは，その形状に合わせて取付具の設計がなされる。取付け，締付けの際に素材がひずまないように工夫が必要である。

図 3.35 に取付具の例を示す。

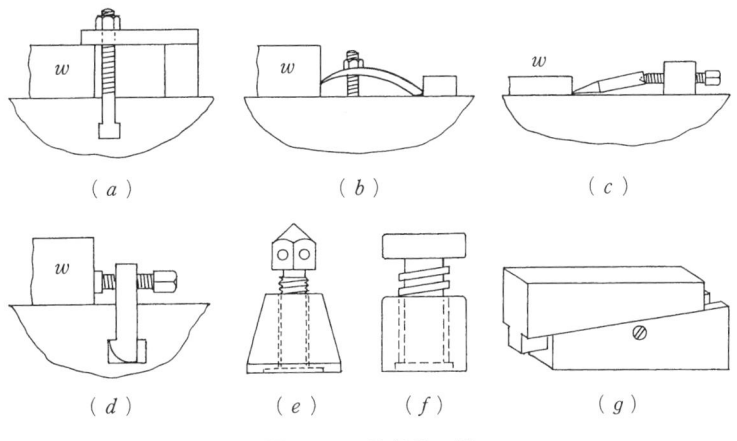

図 3.35 取付具の例

3.1.4 穴加工用工具の形状

穴加工にはドリルによる穴あけ加工のほかに，2次加工としての仕上げ加工（中ぐり加工，リーマ加工など），ねじ切り加工や座ぐり加工，特殊な技術であるBTA方式やガンドリルによる深穴加工など多種にわたる。図 3.36 に各種穴加工工具を示す。

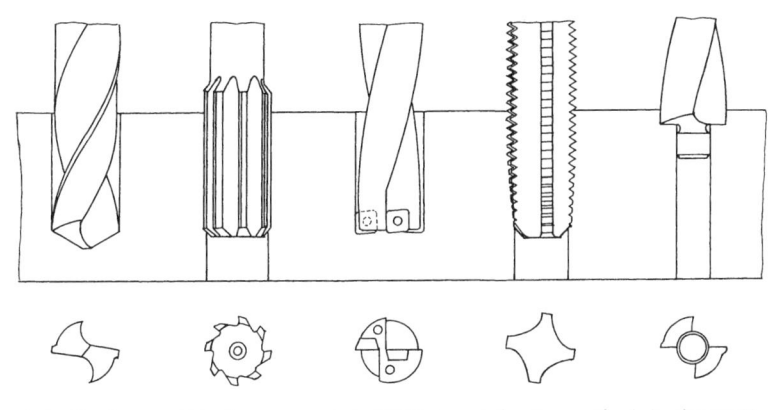

(a) ドリル (b) リーマ (c) 超硬スローアウェイドリル (d) タップ (e) 座ぐり工具

図 3.36 穴加工工具の種類

〔**1**〕 **穴加工の困難性**　穴加工は，ほかの形状の加工と異なり，つぎに示すような困難な点がいくつかある。

① 工具は加工径より小さく，加工深さより長くなければならない。このため工具剛性は著しく低下する。工具先端では，半径方向の切削分力を支えることができないので，切削初めに，位置決めのためのガイドブシュの使用，あるいはポンチ穴，センタ穴の加工が省けない。また振動が発生すると，工具寿命が低下する。これらのことから加工位置や加工径の精度は，加工機械の精度にあまり依存しないことになる。

② 切削力が非常に大きい。ドリル加工では，その切込みは加工半径となり，しかも2枚の切れ刃で同時に加工しなければならない。

③ 切りくずの排出が困難である。加工深さが穴直径の3～5倍になると，切りくずは，ドリル溝内での摩擦のため，排出されずに詰まってしまう。そのため，**ステップフィード**といって，一定期間ごとにドリルを引き，切りくずを払い落とすことが必要になる。

④ 切削剤のドリル先端への供給が容易ではない。垂直下方に穴あけしている場合でも，ねじれ溝内の流体はドリル回転によって上方への分力を受ける。また，下方から上がってくる切りくずにも邪魔される。そのため，切削剤が刃先まで届きにくく，刃先の潤滑，冷却が十分に行われない恐れがある。

⑤ 切削速度が中心で0，外周で最高の速度となるので最適速度を選びにくい。

⑥ ドリルの場合，中心部の切れ刃が十分な切削性能を持つように成形しにくく，そのため非常に大きな**スラスト**（軸方向力，thrust）が生じる。中心部は，低速，小加工量にもかかわらず，発熱，摩耗が大きい。

⑦ 加工径に合わせて多数の寸法のドリルを用意する必要がある。

〔**2**〕 **ド リ ル**　穴あけ加工は，機械の機能として必要なもののほかに，部品の継手としてボルトを通す穴，ボルトを締めるめねじの加工に必要であり，機械加工全体の30％を占める。そのうち90％は**ドリル**（drill）による

加工である。

図 **3.37** にドリルの形状と各部名称を示す。手軽に使用でき，細い割には折損も少ない。モールス（S. A. Morse）が 1863 年に特許をとって以来ほとんど形状が変わらず，進歩がないともいえるが，逆にそれだけ穴あけ工具としては優れた形状ともいえる。

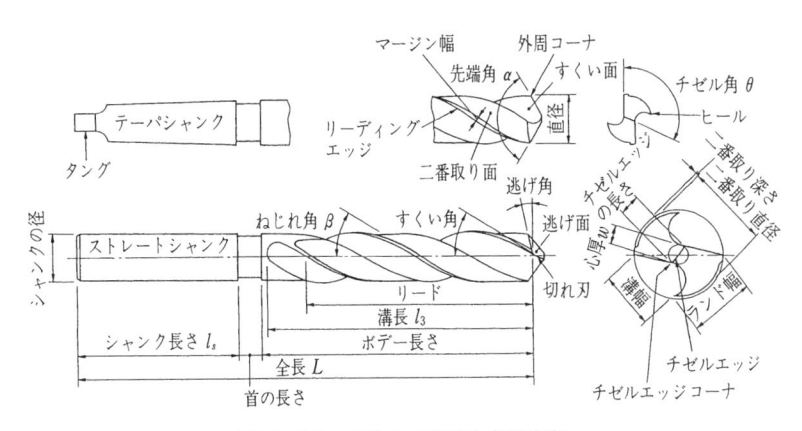

図 3.37 ドリルの形状と各部名称

加工径は，0.1 mm の微小径から 75 mm 程度まで，広い範囲に使用されている。しかし，穴加工特有の加工条件のために，加工精度はよくない。すなわち，剛性の低い断面形状の工具で，工具半径に相当する切込み深さという厳しい条件で加工するので，切削力が大きく，2枚の切れ刃が正確に軸対称にできていたとしても，それぞれの刃の切削力は変動するので，瞬間的には半径方向切削力は 0 にはならない。そのため，工具径に対し拡大した穴があけられる。また，中心部の刃の切削性能は低く，大きなスラストを生じさせる。

つぎに各部分の形状と性能への影響を示す。

1） ねじれ角　ねじれ角（helix angle）β は，切れ刃外周端のサイドすくい角 γ_f に相当する（図 **3.38**）。したがって，ねじれ角が大きいとすくい角が大きくなり，切削抵抗が減少する。そのためドリル寿命も延びる。図 **3.39** にねじれ角とスラストおよびドリル寿命の関係を示す[16]。標準のねじれ角は 30°前後であるので，ドリル外周付近の切れ味は非常によい。

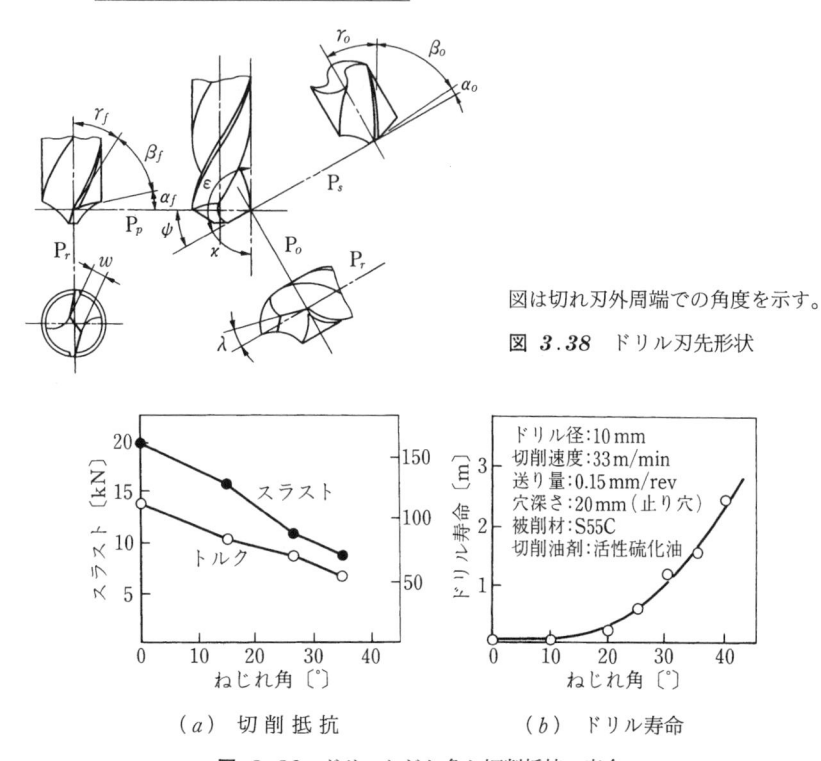

図は切れ刃外周端での角度を示す。

図 3.38 ドリル刃先形状

(a) 切削抵抗

(b) ドリル寿命

図 3.39 ドリルねじれ角と切削抵抗・寿命

2) 心　厚　ドリルの断面形状とねじり剛性の比は，断面の内接円直径比の4乗にほぼ比例する[17]（**図3.40**）。したがって，小径になるほど著

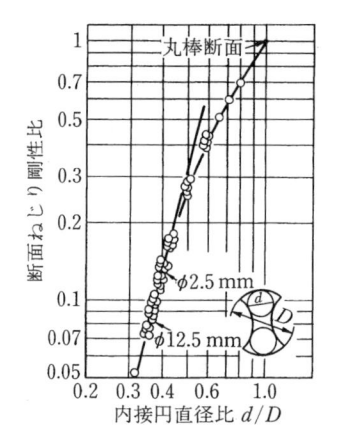

図 3.40 ドリル断面とねじり剛性

しく剛性が低下するので，設計上，切りくず排出を多少犠牲にしても，**心厚**（ウェブ，web thickness）を大きくしてこれを補っている。

3）先端角 先端角（point angle）は一般に118°である。先端角を小さくすると，スラストは小さくなるが，トルクは大きくなる。また，かえりが出やすい。逆に先端角を大きくすると，穴の拡大量が大きくなる。鋼の加工では，135°のほうが寿命が長くなる。

ドリルの再研削は先端の逃げ面の研削で行う。逃げ面を円すい状に成形する円すい研削法，2段の平面で構成する平面研削法など種々のものが考案されている（図 *3.41*）。主切れ刃は図 *3.42* に示すように，切れ刃傾き角が付いていることおよび先端角のために，いずれの研削方法でも，中心部のほうが逃げ角 α_f が大きくなり，軸方向送りによる切れ刃のら旋運動に対する必要な逃げ角を十分に得ることができる。切れ刃外周部の逃げ角は $6 \sim 15°$ の範囲にとれる。

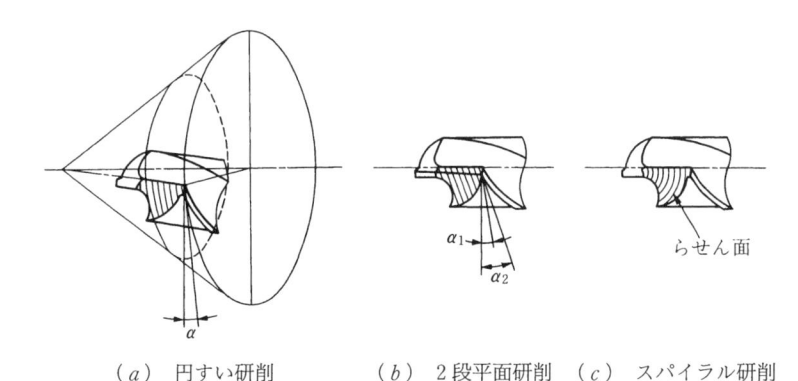

(*a*) 円すい研削 　　(*b*) 2段平面研削 　(*c*) スパイラル研削

図 *3.41* ドリル先端面研削法

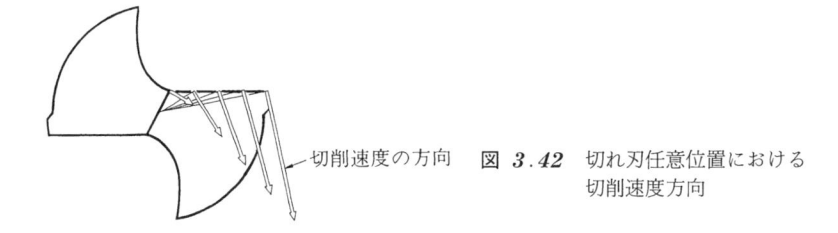

図 *3.42* 切れ刃任意位置における切削速度方向

4） シンニング ドリル軸心部の厚さをウェブ厚さといい，先端のこの部の切れ刃をチゼルという。この部の角度は先端角でほぼ決まり，先端角が118°の場合，チゼル部のすくい角は約$-59°$である。

先端角が大きくなるとすくい角は負の大きなすくい角となり，切削性能が低下する。そのため，この部で生じるスラストは非常に大きく，チゼル刃の長さは全体の2割程度であるが，スラストは60〜80％を占める。

また，チゼル刃は，軸にほぼ垂直なので，加工初めの食付き性能が低く，加工位置が定まらず，位置誤差が大きい。したがって，中心部の切削性能を向上させるために，この部を修正研削する。このことをチゼル幅を小さくするという意味で，**シンニング**（web thinning）といっている。図3.43に各種ドリルの中心部形状とスラストを示す[18]。

5） マージン マージン（margin）はドリル外周に狭い幅で残された円筒部（図3.37）であり，ドリル外径が決定される。加工中は，加工穴壁に接して，案内部の働きをする。二つの切れ刃の非対称による穴の拡大切削作用を防止する働きをする。切れ刃の働きからいえば，前切れ刃逃げ角0°であり，

コーヒーブレイク

ドリルの先端

下図はドリルの切れ刃を斜めから見たところである。外周に近い切れ刃はこのようにすくい角が大きく，ドリル加工では振動が大きく，すぐに欠損してしまいそうな形をしている。バイトをこのような形に作ればすぐに欠けてしまうであろう。前もって小径の穴のあいたところをこのドリルで拡大加工すると，軸方向切削分力がマイナスになり，ドリルが抜けてしまうことがある。

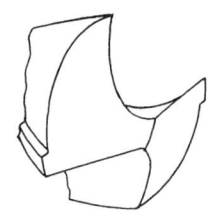

3.1 切削工具　　69

(a) 各種ドリルの中心部形状

円錐研削　2段平面研削　Xシンニング
A　　　　B　　　　　C

特殊薄芯型　チゼルレス型
D　　　　　E

ドリル径：12.5 mm　先端角：135°

(b) 各種ドリルのスラスト

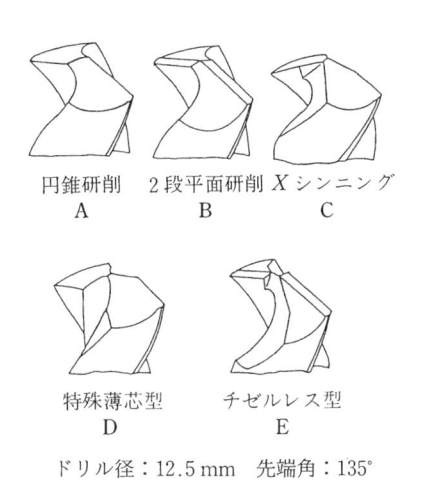

ドリル径：12.5 mm
被削材：A 2017-T 4
送り量：0.3 mm/rev
回転数：400 rpm

図 **3.43**　各種ドリルの中心部形状とスラスト

幅を広くすることはよくない。

〔**3**〕 **超硬ドリル**　高速度鋼から超硬合金に材質が変わることによって，ドリルにも新しい形状が考案されてきた。超硬合金は，高速度鋼に比べて，剛性（縦弾性係数）が2.5～3倍高いが，じん性に劣る。このじん性の問題から，**超硬ドリル**（carbide drill）は全長，溝長ともに短い**スタブタイプ**（stub type）のものが多い。また，心厚を大きくしている（$w=0.3～0.35\,D$）。

加工穴の深さは直径の2～3倍の場合が多いので，その程度の穴の加工には標準ドリルの長さは必要ではない。ドリルの半径方向の剛性はドリル長さの3乗に反比例するので，例えば，長さを半分にすると，剛性は8倍にもなる。

したがって，超硬ドリルは，大きな心厚，高剛性材質とも相まって剛性が非常に高い。そのため，ポンチ穴あるいはセンタ穴といった切削初めの工具位置案内の前加工なしに穴加工を行うことができる。

中心部の形状は種々の工夫により，切削性向上が図られている。図 **3.44** に超硬ドリルの先端形状の例を示す。図（a）は中心部に円弧状切れ刃を形成

したもの，図 (b) は付け刃形式で中心部に切れ刃を付けずに，中心部に切り残される細い円筒は適宜折損させるようにしたものである。共通の特徴として，先端角を135°にとっている場合が多い。これは切れ刃の強度を向上させるとともに，切りくずの排出性を考慮した結果である。またドリル内部に油穴を持ち，ドリルの先端に給油できる工具も多く見られる。

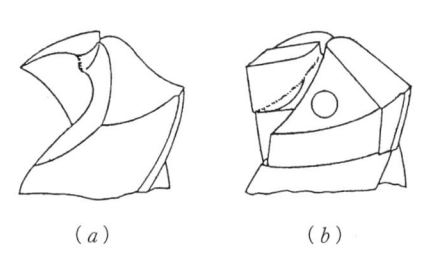

図 3.44 超硬ドリルの先端形状の例

図 3.45 はスローアウェイチップ形式の超硬ドリルである。2枚のチップが穴の外側，内側を分担して削り，発生する半径方向分力の平衡がとれるように設計されている。ドリルというより，エンドミルの部類に分類されることもある。

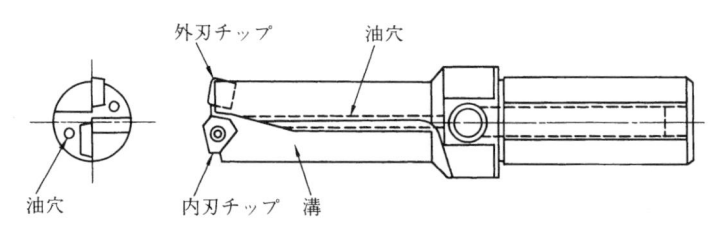

図 3.45 スローアウェイチップ形式の超硬ドリル

〔4〕 リ ー マ　リーマ (reamer) はドリルで加工された穴の仕上げ加工用の工具である。形状は図 3.46 に示すように，通常外周に6～8枚の切れ刃を持っている。切削は先端の食付き部で行われ，そこで穴径が決まり，その後外周刃部のマージン部で加工穴を摩擦し，バニシ仕上げが行われる。そのため，普通のボール盤を使用して，寸法公差の少ない良質の表面の穴を極めて容易に得ることができる。

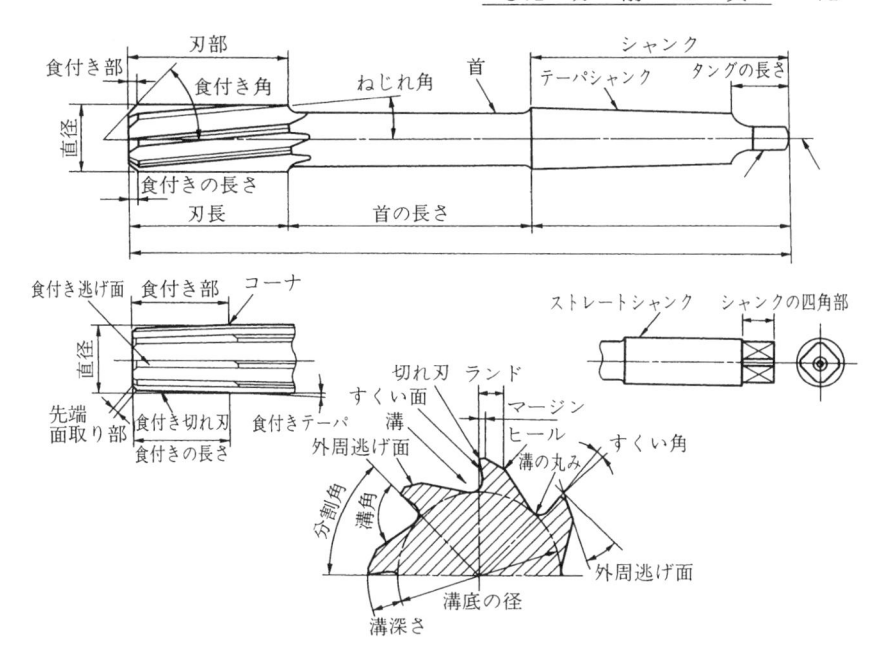

図 3.46 リーマ各部名称 (JIS B 0173)

図 3.47 はリーマ加工の進行とトルクの変化を図式化したものである。切込み量が小さいので，切削トルクはわずかであるが，マージン部での摩擦バニシに要するトルクは徐々に上がり，加工終わり付近では大きな値になる。

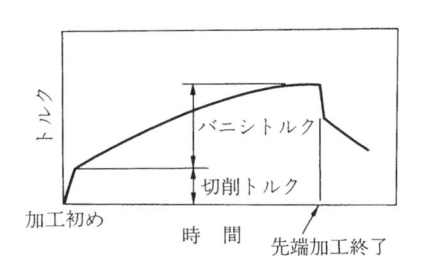

図 3.47 加工の進行とトルクの変化

リーマは一般に，はめあい公差 H 7 に仕上がるように直径が設計されている。そのため，リーマ径の公差は m 5 に仕上げられている。

加工に際しては構成刃先の発生を極力避けること，マージン部での摩擦・バニシ作用があることから，湿式潤滑・低速加工が選ばれる。リーマ代（切込

み×2)は 0.3 mm 前後，一刃当りの送りは 0.1 mm 程度，切削速度は鋼加工において高速度鋼リーマで 3 m/min，超硬合金リーマで 10 m/min 程度にする。

図 3.48 に加工条件と拡大代，表面粗さの関係を示す[19]。

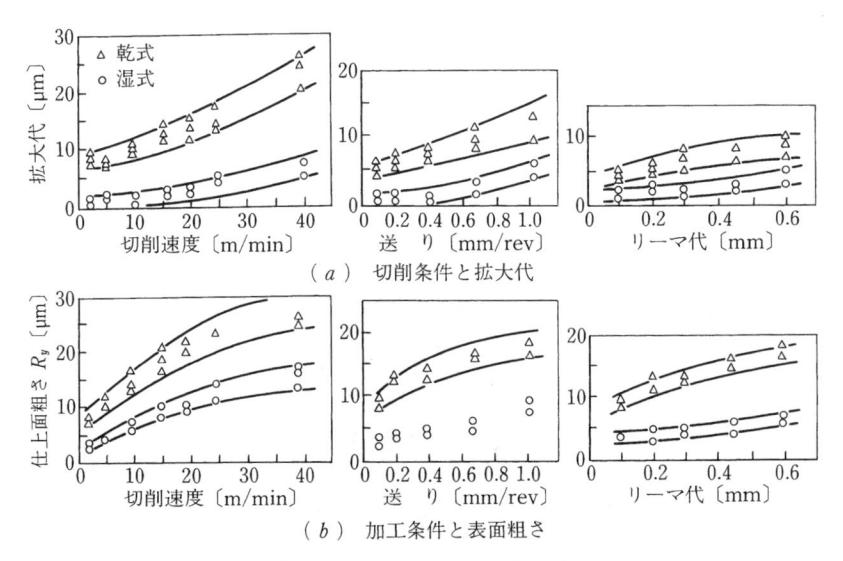

(a) 切削条件と拡大代

(b) 加工条件と表面粗さ

図 3.48 加工条件と拡大代，仕上げ面粗さ

リーマにおいても多角形形状誤差を生じることがある。6 枚切れ刃のリーマでは 7 角形になりやすい。加工中のリーマの挙動を観測し，図式化したものを図 3.49 に示す。7 角形になった穴壁に各切れ刃は接しながら，回転中心は加

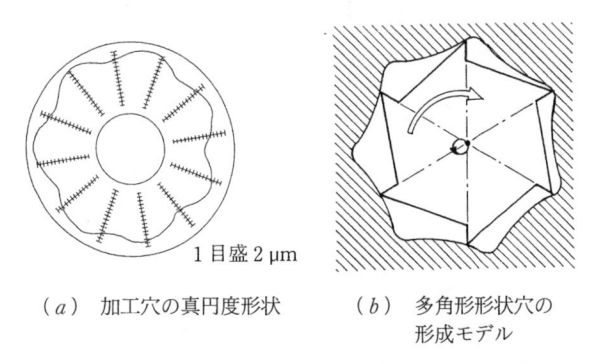

(a) 加工穴の真円度形状　　(b) 多角形形状穴の形成モデル

図 3.49 リーマ加工における多角形形状穴の形成

工穴中心から外れたところでループを描いて移動している[16]。これは一種の自励振動であるので，一度生じると増幅し，加工が進むほど誤差が大きくなる。この誤差を少なくするには，案内ブシュを使用したり，あるいは切れ刃の配置を不等分割（例えば8枚刃の場合 42°-44°-46°-48°）にするとよい。

　リーマの種類は用途に応じて多数開発されている。**図 3.50** に各種リーマ形状を示す。図 (a) は手仕上げに用いる工具で，食付きテーパが約1°と小さく，加工初めにリーマを安定させやすい。図 (b)，(c)，(d) は機械作業用である。図 (e) はテーパピン差込み穴の加工用で，テーパは 1/50 である。図 (f) は中空状の刃部を差し込んで使用する組立て式リーマで，おもに大径穴加工に用いる。図 (g) は植込み溝にはめたブレードを移動して，直径を調整することができる。図 (h) はリーマ軸と下穴軸がずれている場合でも，下穴にならって加工することができる。図 (i) は一つの切れ刃と2か所のガイドパッドにより，穴を仕上げる形式のものである。切れ刃は，スローアウェイ式で，切れ刃を支えるねじで直径の微調整ができる。

〔5〕**深穴あけ用ドリル**　深さ/直径比の大きな深い穴をあける場合，ド

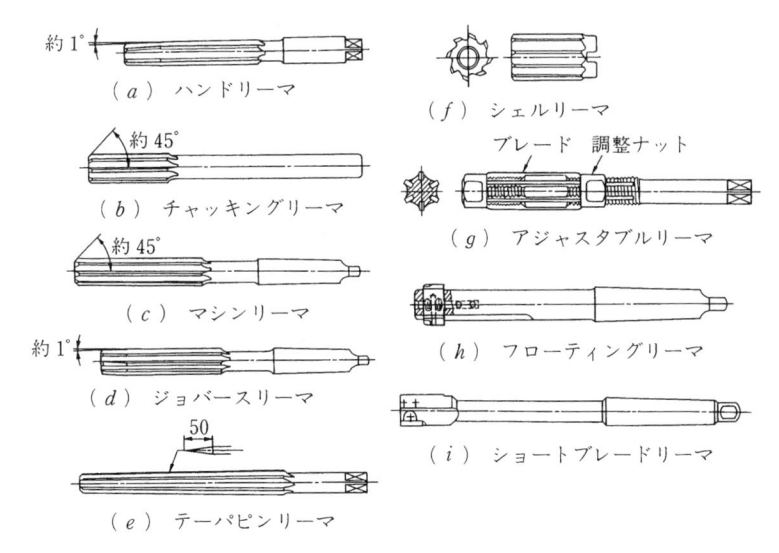

図 3.50　各種リーマ形状

リルでは，切りくず排出のために，ステップフィードを余儀なくされる。そこで深穴加工専用の工具として，工具先端から高圧の切削油を噴出して，切りくずを排出する方式の工具が開発されている。図 3.51 にその形式を示す。おもに切削油の供給方法により二つの形式がある。

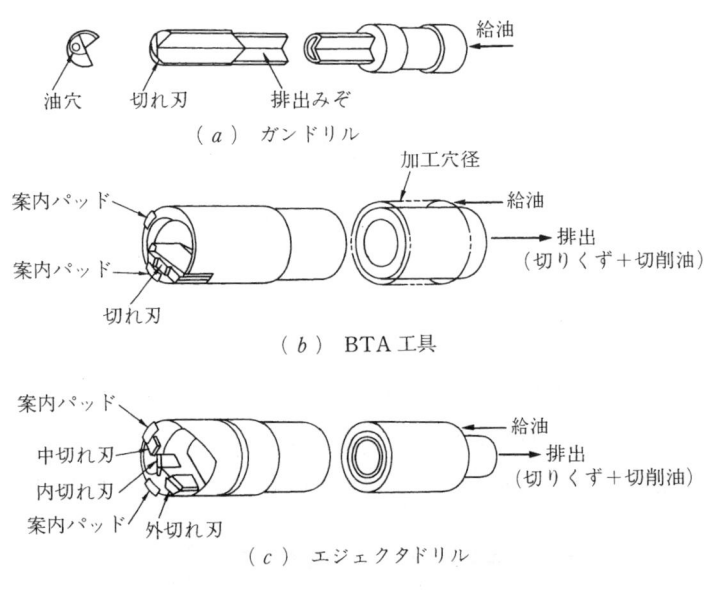

(a) ガンドリル

(b) BTA 工具

(c) エジェクタドリル

図 3.51 深穴加工工具

切削油をパイプ状工具シャンクの内側を通して工具先端に供給する方式を**ガンドリル**（gun drill）という。他方，円筒状パイプとあけられた穴の間のすきまから切削油を供給する方式を **BTA**（Boring and Trepanning Association）**工具**という。BTA 方式の改良された形式としてインナチューブとドリルチューブのすきまから切削油を供給する**エジェクタドリル**（ejector drill）がある。ガンドリルは，切りくずを V 字形シャンクの溝を通して排出するので，小送りにおける破断しにくい比較的長い切りくずの排出能が高く，小径の穴あけに使用される。BTA 工具やエジェクタドリルは円筒パイプの中を通して切りくずを排出するので，切りくずを短く折断させる必要がある。BTA 工具は，シャンク剛性が高く，高送りが可能なので，大きな直径の穴あけに適用される。

ドリルに比べてガンドリルは約2倍，BTA工具は約8倍のねじり剛性がある。切削油によって切りくずを強制排出するので，その供給量は多く，切りくず排出路の流速は10〜15 m/sに達する。そのため供給圧力も高いものになる。

この種の工具は先端に案内部が設けられている。その案内部が加工された穴に接して切削力を支えるため（図 **3.52**），加工径は切れ刃外周と案内部の間の最大径で定まり，安定した加工が行われ，穴径精度がよい。また，案内部で加工表面のバニシ加工作用もあり，表面粗さも概してよい。この種の工具が短い穴に適用しにくいのは加工初めに案内部を支えるブシュが必要なことである。しかし，ガンリーマは，ブシュがなくても先端のテーパ部で案内し，加工を始めることができるので，短い穴の仕上げにも適用される（図 **3.53**）。

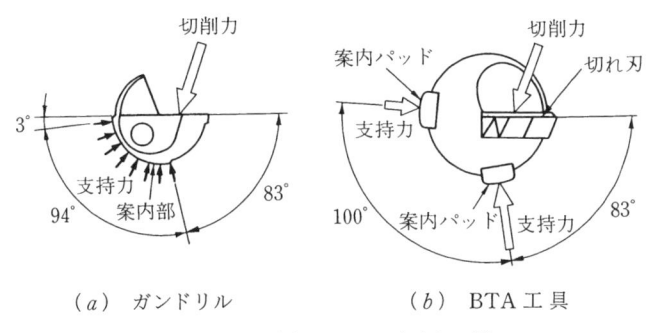

(a) ガンドリル　　(b) BTA工具

図 **3.52** 深穴加工工具の案内部の働き

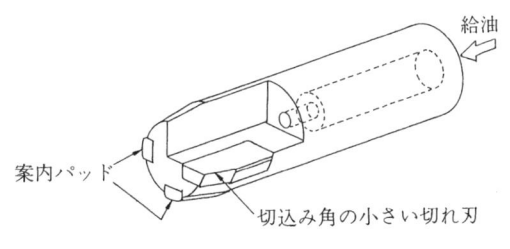

図 **3.53** ガンリーマ

〔6〕 **中ぐり工具**　　リーマはある程度高精度の穴仕上げを行うのに便利な工具であるが，穴位置は前加工穴の位置にならうことになるので精度の向上は望めない。対策としてリーマを案内するジグを用いるが，精度には限度がある。

3. 精密加工工具と保持具

中ぐり（boring）には基本的には1枚の切れ刃を持つバイトの一種である穴ぐりバイトや中ぐり棒の先に装着する中ぐりバイト（**図 3.54**）を使用し，工作物あるいは工具を回転させて内面加工を行う。そのため，機械の主軸位置に穴があけられることになる。すなわち，穴位置精度は工作機械の主軸の位置決め精度に依存する。

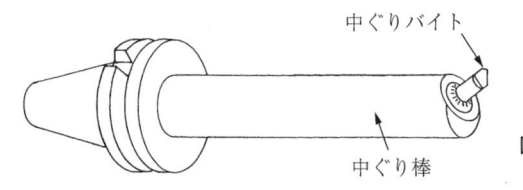

図 3.54　中ぐり工具

穴径の調整機構としては，中ぐり棒を半径方向に移動して調整する形式や中ぐりバイトが目盛ダイヤルの回転で出入りするユニットになっている形式のものがある（**図 3.55**）。

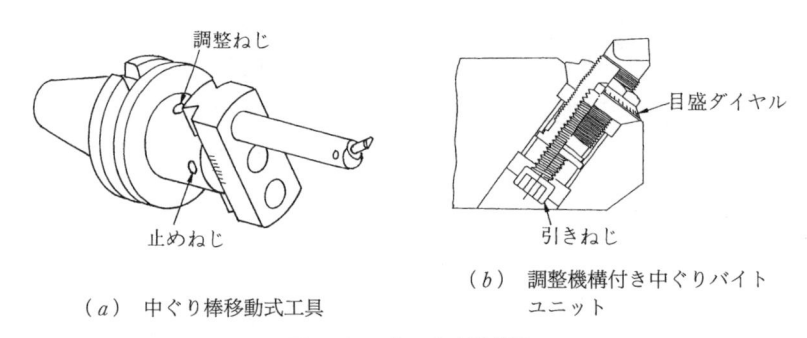

（*a*）　中ぐり棒移動式工具　　　　（*b*）　調整機構付き中ぐりバイトユニット

図 3.55　加工径調整機構

中ぐり加工の困難な点は，内面切削のため，中ぐり棒は細長くしなければならず，そのため剛性が低くなり工具のたわみや振動が生じやすくなることである。工具の剛性は長さの3乗に反比例して低下するので，深い穴の加工では精密な加工は容易ではない。中ぐり棒は，できるだけ径を大きくしたり，超硬合金などの高剛性材を使用するなどして，剛性を上げることが必要である。また，発生した振動を減衰させるために中ぐり棒内に工夫がされているものもある（**図 3.56**）。

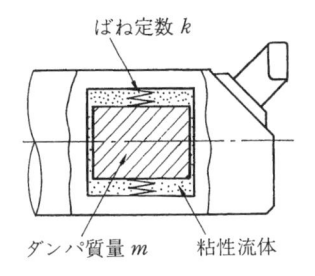

図 3.56 防振ダンパ付き中ぐり棒

3.2 と粒加工工具

3.2.1 と粒加工

と粒(abrasive)は硬い石を砕いて作る。そのため,切れ刃となると粒の角が鋭い。すなわち,切れ刃の丸みが非常に小さい。一方,切れ刃として刃物角は大きく,すくい角は負の大きな値になる。しかし,切れ刃の丸みの小ささが微小な切取り厚さの切削を可能にしているのである。このようなと粒で微小な切削を繰り返して行い,良質の表面を得る加工を**と粒加工**(abrasive machining)という。

加工に参加して角が鈍化したと粒は,破砕して新しい鋭い角を発生したり,といしの場合,脱落して別の新しいと粒の角が加工に参加することによって加工が続けられる。このように,つねに新しい鋭い角を持つと粒が加工に携わって行く作用を**自生作用**(self-sharpening)と呼んでいる。

と粒は結合剤で固めてといしとして使用することも多い。と粒加工は**図 3.57**のように分類される。

と粒の切れ刃となるのは,破砕されたと粒の角である。その向きは個々のと粒でランダムになっている。と粒の切込み深さは 1 μm 以下で,と粒の大きさの 1/100〜1/1000 という極めて小さい値をとっている。このような加工条件での作用にはつぎの四つの形態が生じる[20]。

① と粒が工作物の上を滑るだけで,切りくず生成を行わない**摩擦作用**(rubbing)(図 3.58(a))。

78   3. 精密加工工具と保持具

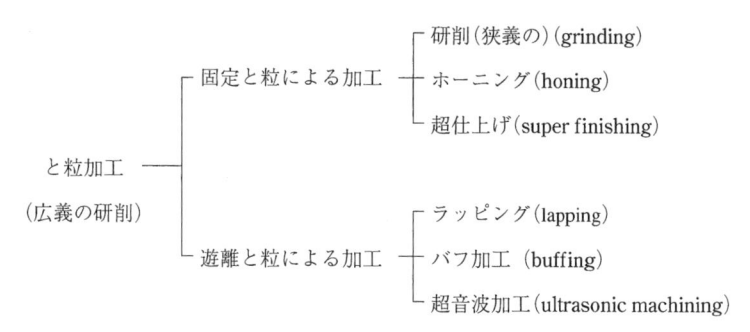

```
と粒加工 ─┬─ 固定と粒による加工 ─┬─ 研削(狭義の)(grinding)
(広義の研削)                   ├─ ホーニング(honing)
         │                    └─ 超仕上げ(super finishing)
         │
         └─ 遊離と粒による加工 ─┬─ ラッピング(lapping)
                              ├─ バフ加工(buffing)
                              └─ 超音波加工(ultrasonic machining)
```

図 3.57 と粒加工の分類

(a) 摩擦 (b) 塑性変形 (c) プラウイング (d) 切削

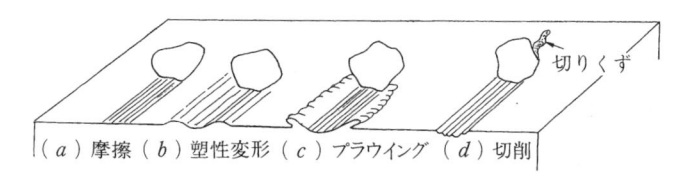

図 3.58 と粒による加工における四つの形態

② と粒の通過したところはへこむが，その体積の分だけ加工方向に対して両側に盛り上がり，切りくずがでない**塑性変形作用**(plastic deformation)（図(b)）。

③ 切りくずが前方ではなく加工方向に対して両側に排出され，通常は加工溝の両側に付着したままになる**プラウイング作用**(plowing)（図(c)）。

④ 切りくずが加工方向の前面に排出される**切削作用**(cutting)（図(d)）。

以上の形態に対して加工速度を上げるほど，塑性変形作用からプラウイング作用や切削作用へと移行する。特に，加工速度が $1\,000 \sim 1\,500\,\mathrm{m/min}$ を越えると，その傾向が強い。研削加工が高速で行われる理由の一つである。

一方，ホーニングや超仕上げは低速で加工する。切りくずを排出する除去加工だけでなく，①や②の摩擦作用や塑性変形作用によって，表面が滑らかに仕上がることを一部利用している。

3.2.2 といしによる研削機構

と粒加工では，**研削といし**（grinding wheel）を用いる狭義の研削加工が全体の大部分を占める。研削加工の特徴として，3.2.1項で述べたと粒加工の特質のほかに，つぎのようなことが挙げられる。

① と粒を結合剤で固めた円筒状といしを用いる。
② 研削速度は通常2 000 m/min程度であり，切削工具の速度に比べてきわめて大きい。このため微小切削にもかかわらず加工速度が改善される。
③ といし表面の研削にかかわると粒の切れ刃の自生作用が容易に行われる。

研削加工がよく使われる理由は，ほかのと粒加工に比べて加工速度が圧倒的に速いためである。と粒による1回当りの削除量は非常に少ないが，多数の切れ刃によって単位時間当りの削除量を増やしている。

また加工物の形状は，基本的にはフライスによる加工と同様に機械の運動によって工作物の形状を作る創成加工の原理によって行われる。しかし，表面粗さについては，といし表面の非常に多数の切れ刃（と粒の角）によって同じ場所を削ることになる。特に仕上げの時は，同じ場所で切込みを入れずに何度もといしを往復させるスパークアウトを行う。このといし・工作物の相対運動のばらつきの包絡線が加工面となるので，加工面の表面粗さは機械の運動精度よりもはるかによいものができることになる（図 *3.59*）。スパークアウトによって形状精度も改善される。

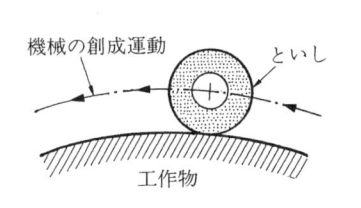

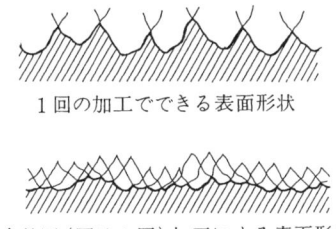

　　(*a*) 創成加工原理に沿う形状形成　　(*b*) 多数回加工による粗さの向上

図 *3.59* 研削における加工面形成

研削といしは，図 **3.60** に示すように，と粒，結合剤，気孔の3要素から構成されている。と粒は工具の切れ刃に相当し，そのと粒を結合剤で保持している。気孔は研削中の切りくずの逃げ場を形成するために必要である。気孔のないといしの場合は，表面のと粒の間の結合剤を取り除き，切りくずの逃げ場を作る必要がある。

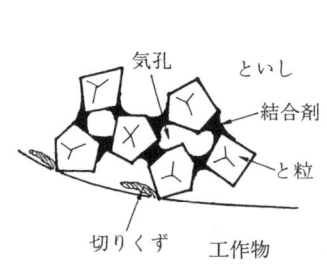

図 **3.60** 研削といしの構成　　　図 **3.61** と粒の切取り厚さ

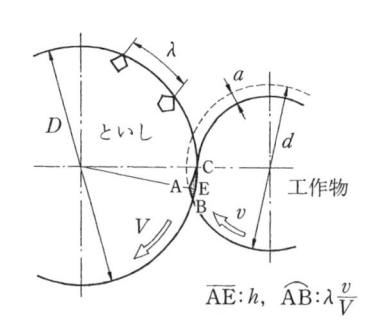

研削作用は，切れ刃ピッチの非常に小さいフライス加工の作用に相当すると考えられる。図 **3.61** は円筒研削の場合のと粒の切取り厚さを表す関係図である。といし表面上で切れ刃として働くと粒の配列はランダムにばらついているが，平均切れ刃間隔λを想定すると，図より切取り厚さhは次式で表される。

$$h = 2\lambda \frac{v}{V} \sqrt{a\left(\frac{1}{D}+\frac{1}{d}\right)} \qquad (3.18)$$

λ：連続切れ刃間隔（任意の断面における切れ刃ピッチ）

V：といしの研削速度

v：工作物表面送り速度

a：切込み量

D：といし直径

d：工作物直径（d は平面研削のときは無限大，内面研削のときは負の値とする）

また，と粒切れ刃の平均切削面積 a_m は次式で表される[21]。

$$a_m = w^2 \frac{v}{V} \sqrt{a\left(\frac{1}{D}+\frac{1}{d}\right)} \qquad (3.19)$$

w：と粒の隣接切れ刃間隔

λ と w の関係は次式で表される[22]。

$$\lambda = \sqrt{\frac{1}{2\tan\gamma}} \frac{w}{\sqrt{\psi}} \qquad (3.20)$$

$$\psi = \frac{v}{V}\sqrt{a\left(\frac{1}{D}+\frac{1}{d}\right)}$$

γ：と粒の先端頂半角

上式でみられるように，切れ刃間隔 λ は研削条件によっても変化するので，解析は複雑である。例えば，λ の値は A-46-M といしで普通に目直ししたとき 4 mm 程度である。h の値は精密研削では 0.1～2 μm であるが，鏡面研削では 0.03～0.006 μm，研削切断では 0.7～8 μm，重研削であるスラブ研削では 10～300 μm にもなり，加工条件により大きく変化する。

〔**1**〕 **研削といしの5因子**　研削といしの性能はつぎの五つの因子によって支配される。すなわち，①**と粒の品種**（abrasive grain），②**と粒の粒度**（grain size），③**結合度**（grade あるいは hardness），④**組織**（といし容積中のと粒の占める割合，structure），⑤**結合剤の品種**（bond）である。

加工に際しては，加工物の材質，硬さ，形状，研削の目的によって適切なといしを選択しなければならない。

1) と　　粒　と粒に要求される性質は，①工作物より硬く，外力により破砕し，新しい切れ刃を自生できること，②摩耗しにくいこと，③発生熱により軟化しにくいこと，④工作物との間に化学反応を起こしにくいことである。

鋼のように比較的軟らかく，引張り強さの強い場合には，じん性の強い A 系と粒（酸化アルミニウム（アルミナ：alumina）：Al_2O_3）が使われる。

A 系と粒の中で，A と粒は，若干の TiO_2 を含み，じん性が強化されている。鋼材研削一般，自由研削，重研削などに広く使用されている。WA と粒

は，アルミナの純度が高く，Aと粒より硬いが，じん性はやや劣る。高速度鋼，特殊鋼，軽研削に使用される。PAと粒は，Cr_2O_3などが結晶に入った淡紅色のアルミナ質のと粒で，適度な硬さとじん性があり，焼入れ鋼などの精密研削に使用される。ジルコニアと粒は，アルミナにZrO_2を約25％混合して溶融冷却した微細な樹枝状結晶のと粒で，じん性が非常に高い。超重研削，鋳物などのきず取りなどに使用される。そのほか，焼結と粒や解砕形アルミナのHAと粒がある。

鋳鉄のように硬く，引張り強さの弱い場合には，C系と粒（炭化けい素：SiC）が使われる。また非鉄金属（Al，Cuなど）に対してもC系と粒が使われる。

C系と粒で鋼を削ると，と粒の中の炭素とケイ素が鉄と反応しやすく，結果として目つぶれを発生することがあるので適さない。GCと粒は，高純度のCと粒で，硬さはあるが，じん性は低く，超硬合金などの硬い被削材に使用される。

超硬質と粒として，ダイヤモンドと粒とCBNと粒がある。ダイヤモンドは最も硬い材料であり，超硬合金やセラミックの加工に使われる。しかし，前述のように鋼材に対しては不適である。鋼材に対しては，CBNと粒が使用される。

2） 結 合 剤　結合剤別では**ビトリファイド**（vitrified）**といし**（記号：V）が最も広く使用されている。これは長石，陶石，粘土などを微粉砕混合して高温焼成して，と粒を結合させたもので，結合度の広範囲な調整および気孔生成が容易である。また，と粒の保持力が強く，研削液の影響を受けず，経年変化がなく，安定しているという利点がある。精密研削一般，クランクやカムの研削，ホーニング用といしとしても使用される。

レジノイド（resinoid）**といし**（記号：B）は熱硬化性樹脂（フェノールレジンなど）を主体として，低温で熟成し，と粒を結合したものである。Vといしより弾性があり，抗張力，抗折力ともに強いので，高速研削ができる。高圧・高速研削，ロール研削，切断といしなどに使用される。結合剤は研削火花で焼け落ちるので，目づまりは生じない。

硬質ゴムで結合した**ゴムといし**（記号：R）はさらに弾性が高く，切断といしに用いられるほか，心なし研削の調整といしに使用される。

ダイヤモンドなどのと粒を金属粉末で結合したものを**メタルといし**（記号：M）という。と粒の保持力が大きく，熱伝導性がよい。切りくずの逃げ場を形成するため，目なおしスティック（GCといしやWAといし）で，といし表面のと粒のまわりの金属を取り除く。そのほか，シリケートといしやセラックといしなどがある。

3）**結 合 度**　結合度は，といしの正常な自生作用が生じるように，被削材の硬さや研削条件を考慮して選択しなければならない。一般に，硬い材料には軟らかいといしを使用する。硬い材料は切れ刃が鋭くなくては切れないからである。

4）**粒度，組織**　粒度，組織はおもに切りくずの逃げ場の確保を考慮して選択する。大きな切りくずが発生する場合は粒度を大きく，組織を粗くする。硬い材料に対しては切れ刃の数を増やすために密な組織にする。

〔2〕**といしの摩耗と加工表面損傷**　研削は，非常に速い速度で切削するので，微小な切削量にもかかわらず切削部は高温になる。鋼の加工の場合，切りくずの瞬間温度は1 300 ℃にも達し，切りくずは火花となって飛散する。しかし，各と粒の切削は極短時間に終了し，再度といしが1回転して切削にかかわるまでに冷やされるので，といしの温度はほとんど上昇しない。また，実際に切削にかかわると粒の間隔はかなり離れていて，その間に工作物は冷やされるので工作物の温度もそれほど上昇しない。

しかし，と粒が摩耗すると，摩耗面が工作物表面に接触することになり，その摩擦熱によって切削温度が上昇すると同時に，その熱は摩擦面を通して工作物へ伝わることになり，工作物表面の温度を急上昇させることになる。このような状態で研削すると研削表面は前加工の切削による引張り残留応力，研削時の摩擦圧縮力による圧縮残留力，およびきわめて表面に近い部分に熱膨脹変形による引張り残留応力が生じ，表面下層は深さに対して，複雑な組織層と残留応力の変化がみられることがある。図 **3.62** および図 **3.63** に研削表面下層

の断面モデルと残留応力の分布の概念図を示す[20]。高硬度材では熱応力によって微小クラックが生じることもある。また，焼入れ材では表面の焼きが戻り，焼入れの目的が損なわれる。

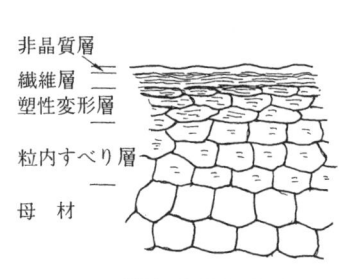

図 3.62 研削表面下層の断面モデル

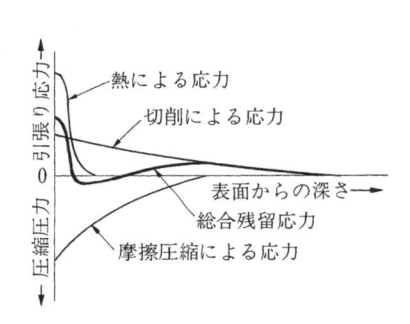

図 3.63 残留応力の説明

変質層や微小クラックは肉眼視することが困難であるが，このようなことが起きる高温下では，切削剤の酸化膜のため加工表面が褐色や青色に変色する。これを**研削焼け**（burn mark）という。

1）**研削といしの異常状態**　研削においては，と粒の摩耗を極力小さくしなければならない。アルミナや炭化けい素のと粒の場合，つねに鋭いと粒で切削するために，摩耗したと粒が脱落しやすいよう，といしの結合度を調整する。また，と粒自身がへき開して新しい鋭い角が生じやすい材質のものを使用する。といしを構成し，切れ刃の働きをしていると粒の角が摩耗して切れなくなることを**目つぶれ**（glazings あるいは dulling）という（**図 3.64**（*a*））。

といしの結合度が低すぎると，研削力でと粒が容易に脱落し，といし損耗が

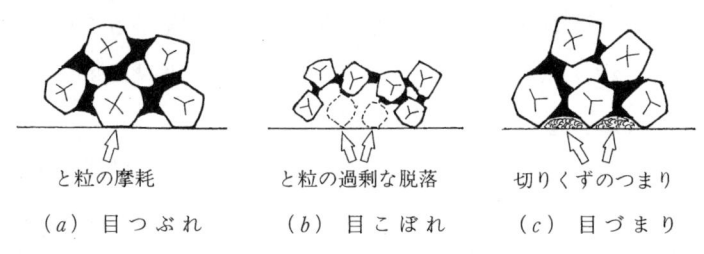

（*a*）目つぶれ　と粒の摩耗
（*b*）目こぼれ　と粒の過剰な脱落
（*c*）目づまり　切りくずのつまり

図 3.64 研削といしの異常状態

大きくなり，といし形状が短時間で崩れ，工作物の形状精度が悪化することになる。このような状態を**目こぼれ**（shedding）という（図（b））。

といしと親和性の高い材料や延性の高い材料を研削するときは，切りくずがと粒のまわりに溶着したり，と粒とと粒の間に詰まったり，切削不可能になる。このような状態を**目づまり**（loading）という（図（c））。

いずれの場合も正常な状態ではないので，といしの選択，加工条件の変更などの対策が必要になる。

2）目直し・形直し といし表面が異常状態になった場合は，**目直し**（dressing）や**形直し**（truing）を行う。目直しは目つぶれや目づまりしたといしの表面のと粒を削り落とす作業であり，形直しはといし全体の形を直す作業である。

目直しや簡単な形状の形直しには，通常，回転しているといしに，先端にダイヤモンドが取り付けられたダイヤモンドドレッサ（**図 3.65**（a））を当て，といし表面のと粒を削り落とす。この場合，ドレッサの送りはといしの粒度程度がよい。遅いとドレッサでと粒を平たんに削ってしまい，目つぶれと同じ状態にしかねない。

（a）ダイヤモンドドレッサ　　（b）ハンチントンドレッサ　　（c）クラッシローラ

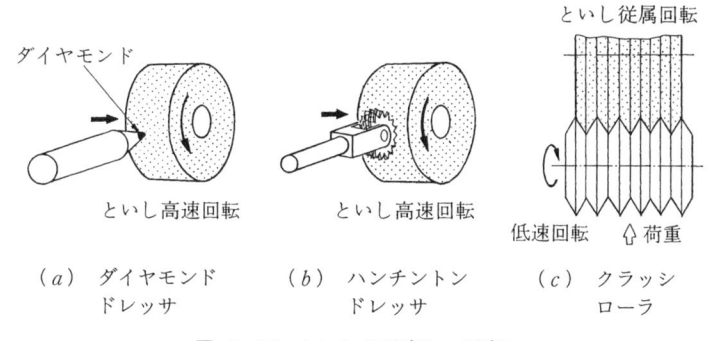

図 3.65 といしの目直し・形直し

目直しのみを行う工具には，星形鉄板を重ねて束ねて自由に回転できるようにしたハンチントンドレッサ（図（b））がある。ねじ面の研削をするためにといしに溝をつける場合などの形直しには，鋼製のクラッシローラ（図（c））

を用いる。いずれも，といしの硬さ（結合度）が工具の硬さより軟らかいことを利用したといしの修正方法である。

3） 研削荷重と研削除去率・といし減耗率　図 3.66 は，内面加工における荷重制御方式で加工を行った場合の，といし半径方向荷重と研削除去率およびといし減耗率の関係を示したものである[23]。

図 (a) において，といし半径方向荷重が約 45 N に増加するまでは，工作物の寸法はほとんど変化しない。この領域は，切削が行われず，摩擦およびプラウイング領域と呼ばれる。

図 (b) ではこの領域がより明確である。この図では，さらに荷重を増加して 600 N を超えると，といしの減耗が急に著しくなる。すなわち，目こぼれの状態である。その間が有効研削領域ということになる。荷重が小さいときの摩擦状態は切削を行わず，表面の小さな凹凸をならす働きをするので，有効に利用すれば鏡面仕上げなどの加工が可能である。後述のスパークアウトや超仕上げなどはこれを利用したものである。

4） スパークアウト　研削では，といし半径方向の分力が大きく，とい

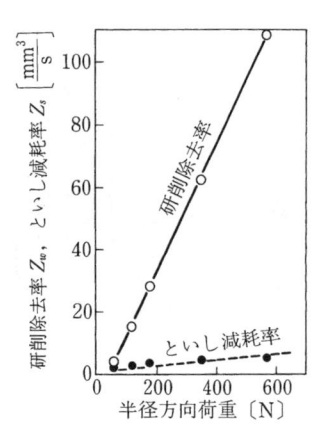

といし：A 70 K 8 V,
研削速度 V : 3 660 m/min
工作物速度 v : 76.2 m/min

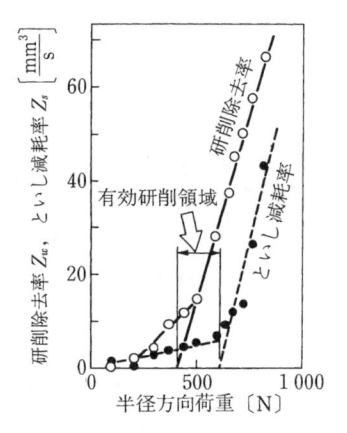

（a）　AISI 52100 材

といし：A 80 P 4 V,
研削速度 V : 3 660 m/min
工作物速度 v : 76.2 m/min

（b）　M 4 工具鋼

図 3.66　といし半径方向荷重と研削除去率，といし減耗率

しやといしヘッドあるいは工作物が弾性変形をし，その分が切り残されることになる。そこで，仕上げ行程では切込みを入れずに，何回も同じ場所を繰り返して加工する。同じ場所を繰り返すと，切り残した部分が削れ，火花（スパーク）が出る。火花が出なくなるまで繰り返すので，**スパークアウト**（spark out）という。

最終段階ではといしにかかる荷重が小さく，摩擦が行われ，粗さの小さい仕上げ面が得られる。切削バイトではこのように小さな切込み量では切りくずを出すことができずに，バイトを摩耗させるだけになってしまう。

3.2.3 ホーニングと超仕上げ

研削加工は，と粒が高温に耐えられるので，削除効率を上げるために高速切削にしているが，反面，仕上げ面には熱の影響，表面変質層の形成が完全には避けられない。また，ある程度の振動も避けられない。そこで切削や研削と比べて除去能率は劣るが，より精密で表面変質下層の少なくなる加工方法として考案されたのがホーニング加工法や超仕上げ加工法である。基本的には低速加工でといしを面接触させ，定圧力加工を行う。

〔**1**〕**ホーニング**　ホーニング（honing）は内燃機関のシリンダを内面仕上げするために開発されたものである。図 **3.67** に示すように，軸方向に長いといし片を円周上に並べ，各といしを加工面（穴面）に押しつけながら，比較的低速で円周方向の回転と同時に軸方向に大きく往復運動を行い，穴の真直度，円筒度を向上させる。

と粒の切削方向にできる加工面の切削条痕が**クロスハッチ**（cross hatch）

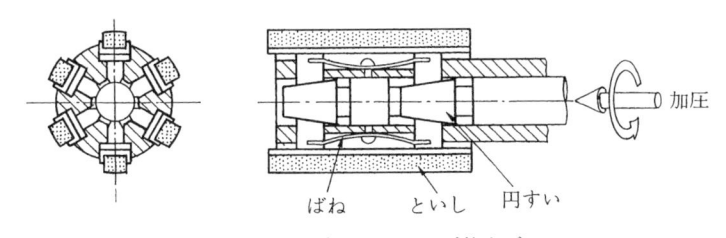

図 **3.67** 内面ホーニング仕上げ

になるように運動させる。このクロスハッチ条痕はピストンの運動方向とある角度をなすので，条痕が円周方向に入る内面研削の場合に比べて，機械的に強く，また潤滑油の浸透も良好である。また変質層も少ないので，ホーニング仕上げ面は耐摩耗性がよい。

このといしによるクロスハッチ加工，すなわち多方向加工と低速加工がホーニング加工の特色である。すなわち，クロスハッチ加工は前加工の条痕に対して，傾斜した方向から条痕を突き崩すように削るので，と粒切取り厚さが大きくなり，削除能率が高い。また，と粒にかかる切削力の方向が変化するため，と粒の破砕が起こりやすく，切れ刃の自生作用が大きい。加工速度が研削の $1/30 \sim 1/50$ という低速であることと，面接触であるため，と粒1個当りの力は研削の $1/50 \sim 1/100$ となり，加工ひずみや変質層は少なくなる。また単位時間の発熱量も研削の場合の $1/1\,500 \sim 1/3\,000$ 程度となるので，熱による変質が少ない。真円度，円筒度の向上の機構は，円周上のといし片がすべて同径で軸に平行に動かすことのできる円すいくさび機構で行われる。工具は，前加工の穴に沿って挿入され，必要ならば機械の主軸とは自在継ぎ手を介して連結する。すなわち，機械の運動精度によらない精密加工法である。寸法精度は，比較的長時間掛けて，計測しながら加工し，目的の寸法になった時点で加工を終了する。ただし，取り代は少なく，$5 \sim 500\ \mu\mathrm{m}$ 程度である。加工穴の両端の径は図 **3.68** に示すオーバトラベル a の影響を受ける。a が大きすぎると穴端の径は大きく，逆に小さすぎると穴端の径が小さく仕上がる。

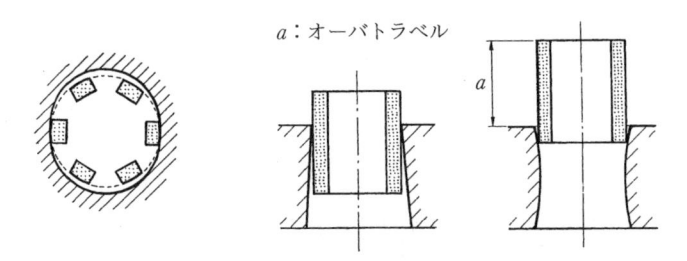

(a) 真円度の向上　　　　　(b) 円筒度の向上

図 **3.68** ホーニング仕上げによる精度の向上

〔2〕 **超仕上げ**　超仕上げ（super finishing）は，内燃機関のピストンを仕上げるために開発されたものである。図 3.69 に示すように，細粒の比較的結合度の低いといし片を切削方向と直角方向に振動させながら工作物に軽荷重の一定な力で押し付け，短時間に加工表面を鏡面に仕上げる方法である。加工条痕は，クロスハッチになり，加工物表面の方向性がなくなる。短時間に鏡面仕上げができるメカニズムは以下のとおりである。

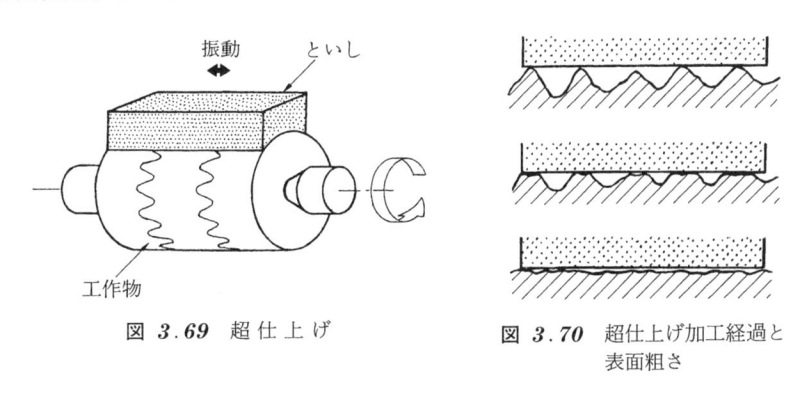

図 3.69　超仕上げ

図 3.70　超仕上げ加工経過と表面粗さ

加工初めは工作物の表面が粗いので，といしとの実際の接触面積が小さく，接触部のと粒にかかる力は大きい。そのため切削効率は高く，急速に仕上げ面を平滑にすることができる。加工面が平滑になるにしたがい，多くのと粒が当たるようになり，各と粒にかかる力は小さくなり，と粒が摩耗してもあるいは目づまりしても脱落しないようになる。このような状態で加工表面をこすること，すなわち摩擦作用を起こさせることによって，表面を鏡面に仕上げている（図 3.70）。

荷重が小さいことと切削速度が低いために，研削焼けや熱による変質層はできない。超仕上げでは，上記のメカニズムが実行されるようにといしの種類，加工条件を適切に設定しなければならない。加工例を図 3.71 に示す[24]。しかし，ちょうど仕上げ面が平滑になったところで摩擦作用に移るという条件を得るのは実際には困難な場合が多く，粗加工と仕上げ加工で荷重を変えたり，粗目，細目の二つのといしを使い分けることも行われている。すなわち，粗目

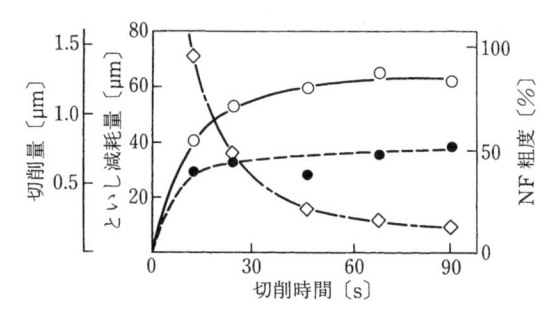

工作物：浸炭鋼（HRc 57），といし：WA 800 JV，といし圧力：14.7 N/cm²，振幅：3.5 mm，最大方向角：45°，といし速度：18.7 m/min，切削剤：軽油＋20％スピンドル油

図 3.71　超仕上げ加工時間と表面粗さの変化

のといしで平滑な面を作り，細目のといしで鏡面仕上げを行うのである．

3.3　遊離と粒加工（ラッピング）

　遊離と粒加工は，と粒を結合したといしという形にしないで加工を行う方法である．この場合，と粒に工作物表面を切削加工させる力を与えるためには，なんらかの方法でと粒の保持をしたり，エネルギーを与えなければならない．保持の方法によって，ラップを用いる**ラッピング**（lapping），バフを用いる**ポリシング**（polisihing）などに分類される．また，エネルギーを与える方法として，と粒を高速で工作物に衝突させる噴射加工がある．ここでは精密加工に用いられるラッピングについてのみ記述する．

　ラッピングは**図 3.72**に示すように，工作物より軟らかいラップの上にと粒をばらまき，その上に工作物を乗せ，一定の荷重をかけながら工作物を動かすことによって，工作物表面が高い方からと粒によって少しずつ削られることを利用するものである．太古より金属や宝石を磨くのに行われてきた方法であるが，現在でも機械精度によらない精密な加工方法として，ブロックゲージを初めとするゲージ類，ボール，ローラ，レンズ，プリズムなどの精密部品の加

3.3 遊離と粒加工（ラッピング）

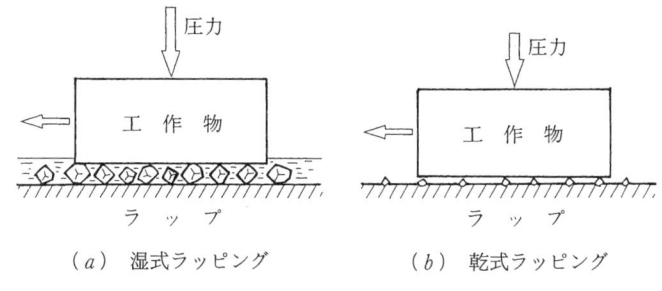

図 3.72 ラッピングの切削機構
(a) 湿式ラッピング　(b) 乾式ラッピング

工に欠かすことのできないものである。

この加工方法の特徴は，①と粒1個当りの加工量が小さいため，仕上げ面粗さを小さくでき鏡面も可能であること，②装置の精度より高精度の製品を得ることができること，③工作物を締め付けないで加工できるので，取り付けひずみがほとんどないこと，④低圧・低速加工であるため，加工による残留応力が小さいことである。

ラッピングには湿式と乾式とがある。湿式は荒削り用で石油などの液に比較的大きなと粒（#200～400）を混合したものをラップ剤として使用する。多数のと粒の上を大きな荷重をかけて削るので，加工能率が高い。おもに鋭い角を持つと粒の転がりによって工作物を傷つけ，無光沢の面が得られる。

乾式は，仕上げ加工を目的としてラップの上に細粒のと粒を置き，その上にもう一つのラップを乗せてすり合わせた後，浮いていると粒を除き，ラップに食い込んだ少量のと粒で軽い荷重をかけて加工を行うことによって，光沢のある面を得る方法である。使用すると粒は小さく，#1000以上のものを用いる。

ラッピングは，ラップや工作物を動かす機械の精度に頼らない作業方法であり，表面粗さはもちろん平面度や球面度を著しく向上させることができる。

しかし，ラッピングで高精度を得るためには工具であるラップの管理が重要である。平面を高精度に得るためにはラップの平面度が保たれていなければならない。ラップを平面に仕上げるには3個のラップを順にすり合わせる3面すり合わせを行う。

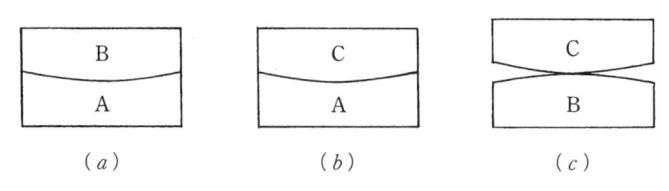

その方法は図 **3.73** に示すように，まずAとB，Cを合致させ，つぎにBとCをすり合わせる。BとCは同じ形状に近いので凸部からすり減り，平面に近づく。つぎにBとAを合致させた後，AとCをすり合わせる。これを繰り返して3面とも合致したとき平面が仕上がっていることになる。

```
    B              C              C
    A              A              B
   (a)            (b)            (c)
```

図 **3.73** ラップの平面仕上げ方法

図 **3.74** に**ハンドラッピング**（hand lapping）を行う場合の方法と各種ホルダを示す。この場合加工中に工作物の姿勢が変動しないように注意すること，また，加工量は表面粗さの向上にとどめる。この場合も工作物に対しては加工方向が交さ角を持つように工作物を動かしてやることが肝要である。

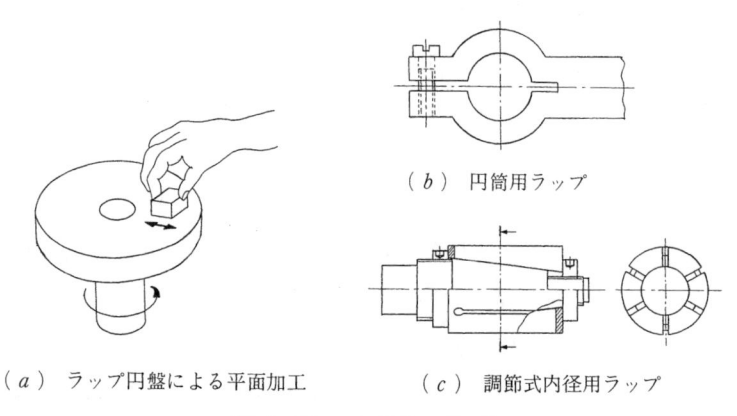

(a) ラップ円盤による平面加工　　(b) 円筒用ラップ　　(c) 調節式内径用ラップ

図 **3.74** ハンドラッピング

さらに，工作物を精度よく加工するのに必要な原理は，ラップに対して方向性のない運動を工作物にさせることである。方向性を持たせない運動をさせる一つの方法として，図 **3.75** のように，太陽歯車の周りを回る遊星歯車に工作物をはめ込み，遊星運動をさせるラッピング盤を用いた方法がとられる。

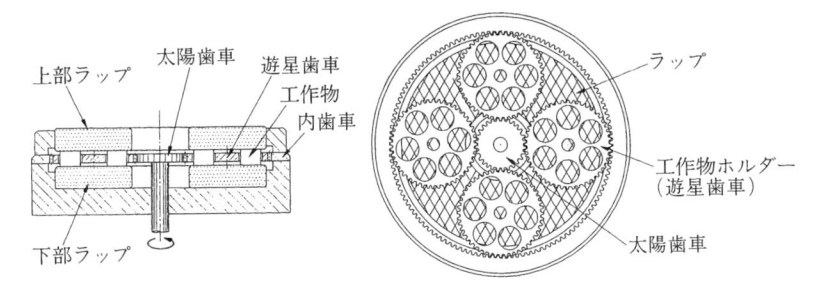

図 3.75 ラッピング盤

　工作物は，自転しながら円形のラップの上をトロコイド曲線を描いて回るので，工作物に対してはあらゆる方向からまんべんなく削られることになる。同じ工作物ができるだけ同じ軌跡を描かないように，歯車の歯数を選ぶ。工作物は凸部から先に削られ，平面に近づく。一方，ラップも削られるが，工作物と同様に凸部から先に削られることになるので，平面が保たれる。これが多方向加工で平面が得られる原理である。

　上部にもラップを置き，工作物を挟んで上下面を同時に加工すれば，平行面を持った同じ厚さの部品が一度に得られる。このとき工作物に与える荷重は，上部ラップに自重で与える。厚い工作物に最も荷重がかかり，加工量が大きい。すべての工作物が均一に加工されるようになったとき，すべての工作物は同じ厚さになっていることになる。

　球は精度のよい製品といわれている。それはラッピングの利点が最大限に発揮されるからである。図 3.76 に示すように，らせんの溝の入った円板と溝のない円板の間に球状の加工物を挟み，円板を相対回転させる。加工物は，溝

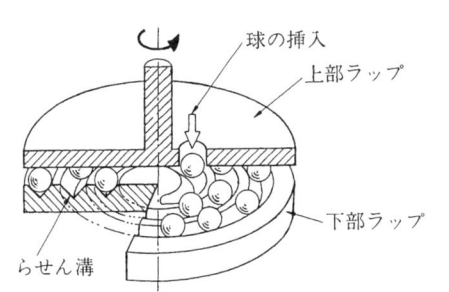

図 3.76 球面ラッピング

の中を転がり外側へ移動するが，そのとき円板が球と接触する3点での相対速度が異なるために，加工物は溝に沿って回転するとともに溝に垂直方向の軸のまわりにも自転運動を起こす。したがって，接触部は，球表面全域にまんべんなく行き渡るとともに，接触部では転がりながら滑り運動も起こす。この接触部にと粒を散布するとラッピング作用を起こす。このとき，加工物の凸部は強く接触するため削られる量が多く，凹部は削られる量が少ない。

円板の外周に転がり出た加工物は円板の中心に再度送り込まれ，溝へ供給される。計測装置によって球径が測定され，目標の直径になったところで加工をやめて，製品が取り出される。

このようにして加工物表面は，まんべんなく溝あるいは円板の各所に当たり，そこで遊離と粒によってわずかずつ削られていくので，溝形状や円板のうねりなどの凹凸，相対運動のばらつきなどの影響をほとんど受けないことになる。工具の形状誤差や工作機械の運動誤差の影響を受けない典型的な製造方法である。そのため，一見難しそうな球の精度は，極めて良好なものになるのである。

ラッピングによる球面加工は，高精度が得られるので，超精密工作機械の主軸軸受け部にも利用されている。部分球のある工作物の加工方法の例[25]を図 **3.77** に示す。工作物は，その中心を通る X 軸のまわりに回転し，X 軸は Y 軸のまわりに揺動する。ラップは Z 軸のまわりに公転し，Y 軸のまわりに自転する。図 **4.38** は，この方法で加工した製品である。

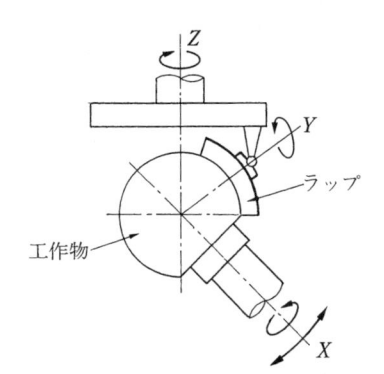

図 **3.77** 部分球のラッピング方法

3.4 工作物のひずみの少ない保持方法

　工作物を加工する際，保持の仕方によって工作物がひずむ。ひずんだ状態で加工すると，加工後に保持を外したとき，弾性回復して誤差が生じる。したがって，高精度の加工をするためには，保持の仕方や保持力，加工力によるひずみができるだけ小さくなるように工夫しなければならない。

　〔1〕**3 点 支 持**　工作物を安定して支持するためには，3点で保持することが基本である。図 **3.78** のように工作物をテーブルの上にのせたとき，3点で抑えるように敷物をする。4点以上で抑えようとすると，どれかが浮いてしまい，そのまま締め付けると工作物がひずむことになる。

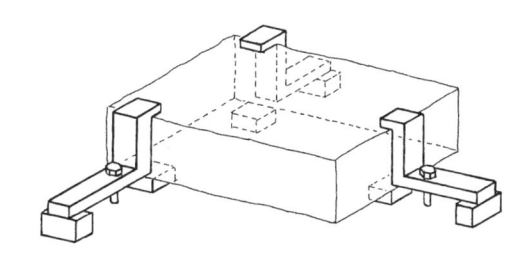

図 **3.78**　3点支持による工作物の取付け

　〔2〕**多 点 支 持**　旋盤によく用いられる三つづめチャックは円筒状工作物の中心をすばやく旋盤主軸の心に合わせてつかむことができるが，パイプ状のものをつかむと，図 **3.22** で示したようにおむすび状に弾性変形する。このような場合，多少面倒であるが，多点もしくは面で支持することを考える。例えば**コレットチャック**（collet chuck）を使用する（図 **3.79**）。コレットチャックはスリットの入った外側の円すい面（スリーブ）でつかみの径を拡大・

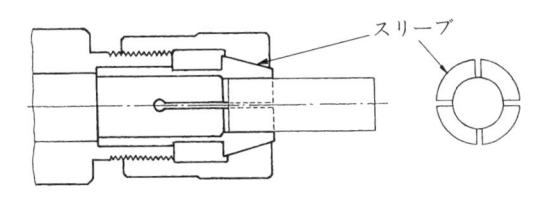

図 **3.79**　コレットチャック

縮小できる機構になっている。面接触になるので，三つづめチャックのようにおむすび状にひずむことはない。

また生つめチャック（図 3.22）を用いて，あらかじめ加工半径に合わせた半径の当たり部をつめの先端に作っておくと，工作物に面で接触させることができる。薄い板状の工作物を仕上げることの多い平面研削盤では電磁チャック（図 3.80）が用いられる。面で支えるので，研削力による工作物の弾性変形は最小限に抑えられる。

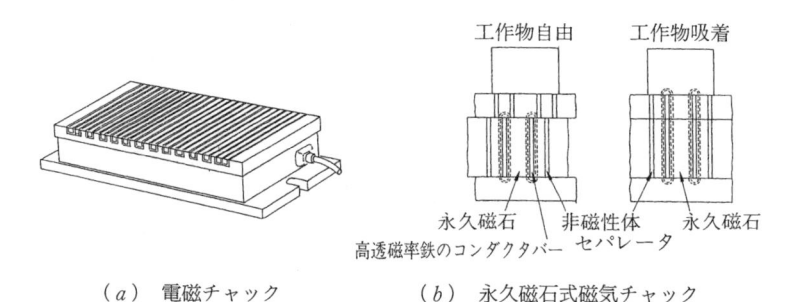

（a）電磁チャック　　　（b）永久磁石式磁気チャック

図 3.80　磁気チャック

磁性体でない工作物に対しては，真空チャック（図 3.81）が用いられる。工作物を押し付ける力が大気圧であるから，面積当りの吸着力は小さいので，比較的大きな工作物の仕上げ加工に用いられる。

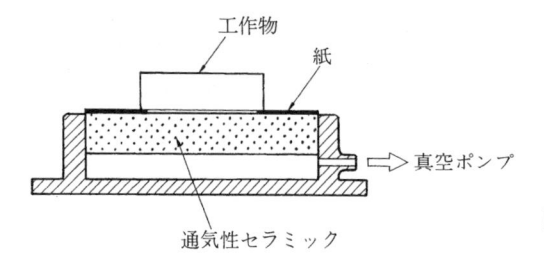

図 3.81　真空チャック

〔3〕 **セルフカット**　面で支持する場合，保持具の精度向上や維持のため，工作機械に保持具を取り付けた後，保持具をその工作機械で加工して，目的の工作物に面で当たるようにすることが行われる。これをセルフカットとい

3.4 工作物のひずみの少ない保持方法

う。セルフカットによって保持具の取り付け誤差を0にすることができる。前述の生つめチャック，電磁チャック，真空チャックはセルフカットして保持具の精度を維持する。

しかし，以上の処置を行っても，工作物素材をひずませずに保持できない場合が多々ある。工作物には誤差が付きものであるからである。

例えば，保持具の平面に当てる工作物の面が平面に仕上がっているとは限らない。薄板の平面研削において，加工前の工作物は曲がっていることが多い。むしろ曲がっているので真直に仕上げようとしているのである。このような状態のものを電磁チャックでつかむと，磁力で薄板は弾性変形し，真直に保持される。これを研削して仕上げても，電磁チャックからはずすと弾性回復し，もとの曲がりに戻ってしまう。このような方法では工作物の曲がりは修正できない。

工作物は力がかかっていない状態の形状を保ちながら保持する必要がある。曲がった薄板を電磁チャックに取り付ける際，**図3.82**に示すように，工作物の曲がりに合わせて電磁チャックとのすきまをアルミ箔（はく）などで埋める。このようにすれば電磁チャックで吸着したとき，工作物の曲がりは最小限に抑えられる。また，図（b）に示すようなワックスを利用する方法も行われる。

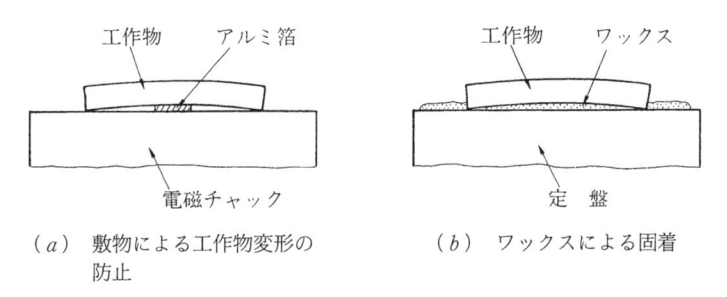

(a) 敷物による工作物変形の防止

(b) ワックスによる固着

図3.82 工作物の無ひずみ保持による変形防止

演 習 問 題

[切削，フライス加工]

【1】 金属切削工具と木工用工具では，考え方や形状に対して，どのように異なるのか，または共通なのか。

【2】 切削力（合力）の好ましい方向はどの方向か。2次元切削の図を描き，図中に方向を矢印で示し，理由を述べよ。

【3】 切れ刃のすくい角，逃げ角，アプローチ角の働きを説明せよ。

【4】 比切削抵抗とは何か，またどのようなものに影響されるか。

【5】 KrystofとMerchantの第1方程式を使って，比切削抵抗を求めよ。ただし，工具のすくい角を10°，被削材のせん断応力を240 MPa，すくい面の摩擦角を40°とする。これは材料の強さに比べてどの程度の大きさか。

【6】 切れ刃傾斜角を大きくすると有効すくい角が増える。切りくず流出角はスタブラーの実験的法則に従うものとして，垂直すくい角が6°のときの切れ刃傾き角を12°とすると，有効すくい角はいくらになるか。

【7】 表面粗さをよくするために注意する事項を挙げよ（原因と対策）。

【8】 加工表面下の変質層はどのような害があるか。

【9】 精密な円筒を削るためには，どのようなことに注意しなければならないか。機械，工具，保持具などについて説明せよ。

【10】 エンドミルで加工する場合，上向き削りで削るとエンドミルが食い込み過切削することがある。なぜか。

【11】 エンドミルのねじれ角を大きくすると，どのような利点があるか。欠点は何か。

【12】 エンドミルで溝を削る場合，2枚刃の工具と3枚以上の切れ刃を持つ工具では加工性能に大きな相違が生じる。なぜか。

【13】 鋳造物など不規則な工作物素材を機械に保持するとき，どのようなことに留意しないといけないか。列挙せよ。

[穴加工]

【14】 穴加工が円筒加工や平面加工より困難な点を挙げよ。

【15】 ドリルが細長いにもかかわらず，中ぐりバイトと比べて深い穴があけられるのはなぜか。

【16】 切りくずの排出とねじれ角の関係について考察せよ。

【17】 座ぐり工具は先端に案内の円筒部がついているが，なぜ必要か。

【18】 ドリルやリーマ，深穴あけ工具でも多角形真円度誤差が生じるが，なぜか。どのようにすれば軽減できるか。

【19】 穴あけにおいて直径を正しくあける（工具径のとおりにあける）ための工具形状や加工条件について考察せよ。（正しくあかない原因と対策）

【20】 ドリルの先端の切れ刃外周部はすくい角が30°にもなっているにもかかわらず欠けにくい。なぜか。

【21】 リーマで切削速度を速くすると仕上げ面が悪化する。なぜか。

【22】 中ぐりバイトの振動を減らす方法について，発生原因と対策を考えよ。

【23】 穴あけ工具は中心部の切れ刃形成にどのような工夫がなされているか。

【24】 1枚刃のガンドリルやBTA工具は加工穴の真直度がよい。なぜか。

【25】 穴あけをする際，ドリルを回転させるよりも，工作物を回転させる方があけられた穴の真直度がよい。なぜか。

[と粒加工]

【26】 と粒による加工は切削加工と比較してどのような相違があるか列挙せよ。

【27】 切削加工では，研削で行うスパークアウトに相当する切込みを入れずに何度も同じ所を削るようなことはしない。なぜか。

【28】 といしの気孔の役割は何か。

【29】 といしの自生作用とは何か。説明せよ。

【30】 と粒の材質について種類と特徴を表す一覧表を作れ。

3. 精密加工工具と保持具

【31】 結合剤の種類といしの用途を表す一覧表を作れ。

【32】 と粒にかかる力の大小によって，と粒は種々な加工形態を表す。図 3.58 を参照して，説明せよ。

【33】 と粒加工において，研削のように高速度で行う場合とホーニングのように低速度で行う場合を比較して，加工速度以外の違いは何か。

【34】 ハンチントンドレッサで目直しができる理由を考えよ。

【35】 クラッシローラで形直しができる理由を考えよ。

【36】 図 3.67 に示した内面ホーニング工具において，6個のといしがつねに同じ半径位置を保ち，かつ平行が保たれながら直径を拡大できる機構は，どのようになっているか。

【37】 6枚刃のリーマで穴加工後，6個のといしを持つホーニング工具で加工するのはよくない。なぜか。

【38】 ラッピングは機械の運動精度より高精度の形状精度を得ることができる。その原理を説明せよ。

4

精密加工工作機械

　工作機械は，自動的に，かつ，高速・多量に加工するためにだけではなく，より精密に加工するために発展してきた。2章では，工具を運動させるときに生じる誤差の原因について述べた。本章では，テーブルの直線駆動や主軸の回転駆動を高精度に行うために，具体的にどのような構造が考えられ，また，誤差を少なくするためにどのような工夫がなされているかを述べる。さらに，本体の構造に必要な剛性や，熱変形に対する設計上の工夫などについて述べる。

4.1 高精度運動を得るための基本原理

4.1.1 遊び0の機構

　2章で述べたように，テーブルなどの移動体を高精度に運動させるためには，案内する基準の面が高精度に作られていなければならないのはもちろんのことであるが，その基準の面に沿って，正しく移動体を動かさなくてはならない。しかし，図 *4.1* (a) のように，水平方向案内において，案内面と被案

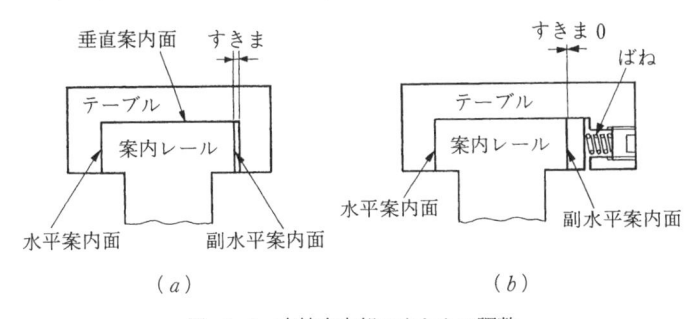

図 *4.1*　直線案内部のすきまの調整

内面の間には通常**すきま**（clearance）を設ける。このように運動方向に直角な方向につけるすきまを**遊び**（play）という。遊び0の案内部を作ることは難しい。

　例えば，図のような角型案内の場合，垂直方向に対しては案内レールの上面の案内面にテーブルが乗り，テーブルの荷重でつねに基準面に接していて，上向きの力がかからない限りテーブルの被案内面と案内面が離れることはない。しかし，水平方向の案内に対して，水平案内面および副水平案内面にすきまができないように製作することは困難である。

　「もの作り」では，つねに製作誤差が許容されていなければ作れない。許容公差のないものは一般に作れないのである。たとえ，できたとしても案内面の摩耗によってすきまができる。すきまがあれば，荷重が左右に変動する場合，案内面に沿ってテーブルを真直に移動させることができない。したがって，案内機構を組み立てた後，すきまを小さく調整できる機構を設ける必要がある。

　すきまをなくす例を図（b）に示す。これは副水平案内面に対し，滑りブロックをばねで押し付ける方法である。このようにすると，押し付け力以下の力であれば，副案内面側に荷重がかかっても，主案内面側にすきまが生じることはなく，遊びを生じない。また，主・副両案内面の平行度に誤差があっても，ばねの押し付け力以上の力は案内面にかからないので，安定した滑り運動を行うことができる。しかし，この方式は被案内台に外力がかかっていないときも，つねに案内面に荷重がかかっていることになるので，摩耗に対しては不利である。このため，滑りブロックを車輪に替えることもある。

　ねじ送り機構においても，遊びの問題がある。おねじとめねじの間の遊びも製作上，0にはできない。往復運動の場合，戻りの運動はこの遊びの量だけ遅れてしまう。

　図 4.2 にねじ送り機構における遊び除去方法を示す。図（a），（b）ともダブルナット形式にしている。図（a）は，二つのナットをねじで連結し，ナット間のピッチを調整することによって遊びを最小限にできるようにしている。図（b）は，二つのナット間をばねによって左右に張り，おねじの左右の

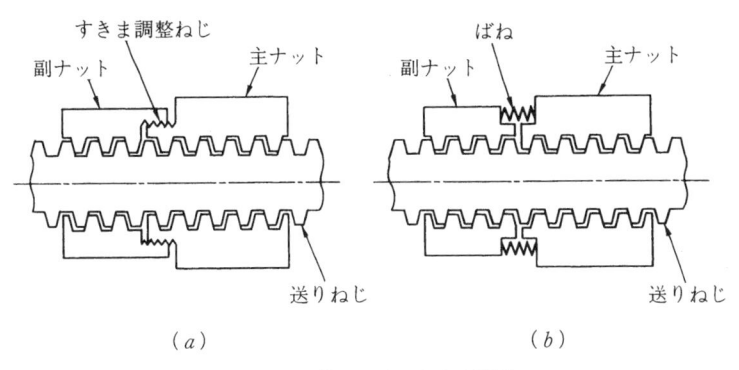

図 4.2 送りねじのすきま調整

ねじ面にナットの面がばねによる予圧で接触するようにしている。ばねによる予圧力以下の力の範囲では遊び0の駆動ができる。

4.1.2 多点支持

「もの作り」には誤差が伴うのはやむを得ないことである。しかし，平均値をとると，ばらつきによる誤差が平均化されて，小さい誤差になることがある。このことを機械精度へ応用する考えが「多点支持」の原理である。

上記のねじとナットによる駆動を考えてみる。ねじのピッチにばらつきがあったとしても，多数の山でかみ合っているので，誤差は平均化される。最も突き出しているねじ面で支配されるようにも考えがちだが，その面には大きな力がかかることになり，ねじ山は弾性変形によりほかの山より変形し，誤差が小さくなる。また，しばらく駆動していると，最も荷重のかかるねじ面は早くすり減って，ねじのピッチはそろう方へ変化する。新製品をしばらく運転して誤差を減らす「なじみ運転」を行うこともある。

きさげ面は，多数の小さな面で接触するように仕上げられた面であり，多点支持の典型的な例である。また，ボールベアリング（**図 4.3**）やボールスライドも多数の球の点接触によって大きな力を支えている。割出し装置におけるカービックカップリング（**図 4.4**）も全部の歯のかみ合いによって誤差を減少させている。

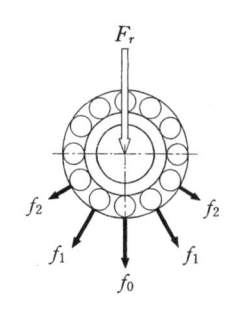

図 4.3 ボールベアリング

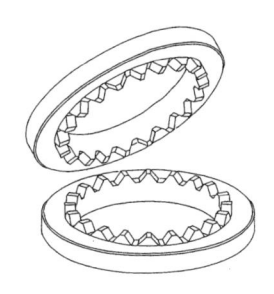

図 4.4 カービックカップリング

4.1.3 アッベの原理

正確な位置決めを行うには,正確な位置測定ができなければならない。アッベ(E. Abbe)は「測定される品物と基準尺とは測定方向に対し,一直線上に配置しなければならない」ことを提唱した。

この原理は,図 4.5 (a) において,測定物の長さ方向と基準尺が a という距離を隔てているとき,測微顕微鏡が θ だけ傾くと,$\varepsilon = \theta a$ の誤差が生じるが,図 (b) のように測定物と基準尺を一直線上に置くと,傾き θ による誤差は $\varepsilon \risingdotseq \theta^2 A/2$ となり,非常に小さくなる。

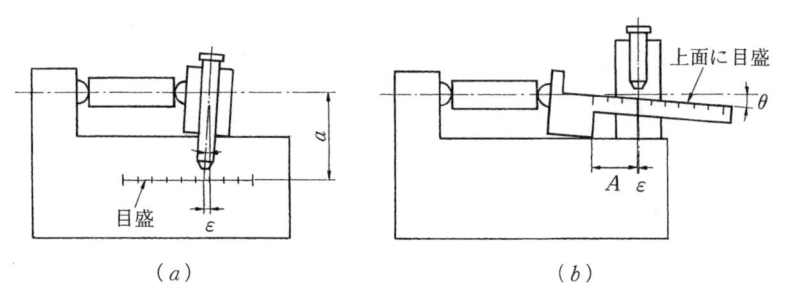

図 4.5 アッベの原理

測微顕微鏡の傾きは,駆動軸にかかる力と測定物接触圧力が同一直線上にないため,発生する偶力によって生じる。工作機械のテーブルの駆動軸を加工面と同一面上にすることは,設計上一般に困難である。

アッベの原理は工作機械のテーブルの傾きにも適用される．図 **4.6** に示すように駆動力と抵抗力が a だけ離れている場合，台には Fa という偶力が働き，台を回転させようとする．案内部は真直の案内だけではなく，回転力をも支えなければならない．

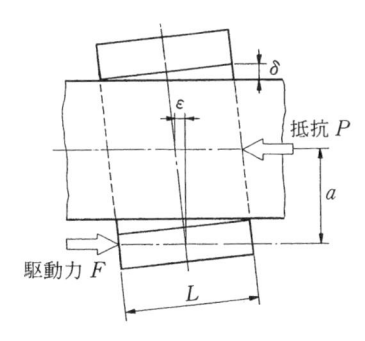

図 **4.6** テーブルの傾き

台は二つの滑り案内部のすきまや案内面の弾性変形によって傾く．台の案内の長さを L，すきまを δ とすると，傾きは δ/L となり，抵抗力を受けている点と駆動点の力の方向（駆動方向）の位置誤差 ε は

$$\varepsilon = \frac{\delta}{L} a \tag{4.1}$$

となる．アッベは a を極力小さくした設計にすることを提唱している．

工作機械にアッベの原理を適用した構造として，フライス盤，マシニングセンタなどではテーブル駆動に対して中央に駆動軸を置く方法がとられる（図 **4.15**（b）参照）．発想を変えて，両側に駆動軸を設け，二つのサーボモータで同時に駆動する方法も開発されている．

4.1.4 ロングスライダとナローガイド

式（*4.1*）において，すきま δ を小さくしても，スライダ長さ L を長くしても，位置誤差 ε を小さくすることができる．滑り案内の場合，すきま δ を小さくするには限界があるので，テーブルの傾きを小さくするためには，スライダ長さ L を長くすること，すなわち，**ロングスライダ**（long slider）（図 **4.7**）にすることが効果的である．ロングスライダにした場合の駆動力 F に

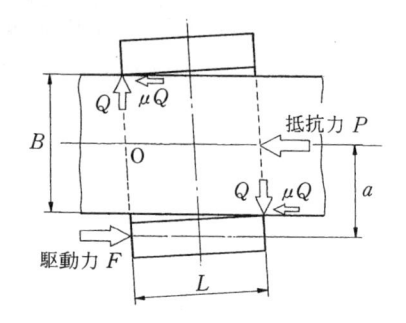

図 4.7 ロングスライダ

について考える。

　図に示すように案内部の中央に抵抗力 P がかかり，a だけ離れた所で駆動する。駆動力を F として，案内部がモーメント M のために受ける力を Q，摩擦係数を μ とする。中心部 O でのモーメント M は

$$M = Fa = QL \tag{4.2}$$

駆動方向の力の釣り合いから

$$F = P + 2\mu Q \tag{4.3}$$

式 (4.2) より

$$Q = F\frac{a}{L} \tag{4.4}$$

であるので，Q を消去すると

$$F = \frac{P}{1 - 2\mu a/L} \tag{4.5}$$

となる。$2\mu a/L$ が増加すると必要な駆動力 F は増加し，$2\mu a/L \geqq 1$ ではロックされて動かすことができない。このことより，μ や a を小さくできない場合は，案内部長さ L を長くすること，すなわち，ロングスライダにすることが重要である。

　つぎに，案内部幅 B について考えてみよう。案内部幅 B が大きいと，図 4.8 に示すように，案内部と被案内部の温度差あるいは荷重による伸びや縮みによるすきまの変化が大きくなるので，案内部幅は小さいほうがよい。これを「ナローガイドの原則」と呼んでいる。

　さらに抵抗力 P が案内方向に垂直にかかる場合について考えることにする。

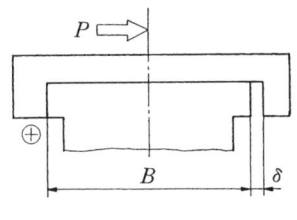

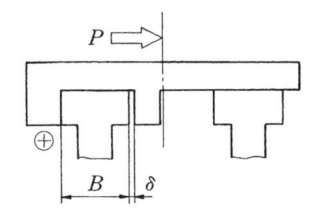

4.1 高精度運動を得るための基本原理

(a) 案内部幅の広い場合　　(b) 案内部幅の狭い場合
　　　　　　　　　　　　　　　（ナローガイド）

図 4.8　案内部幅によるすきまの変化

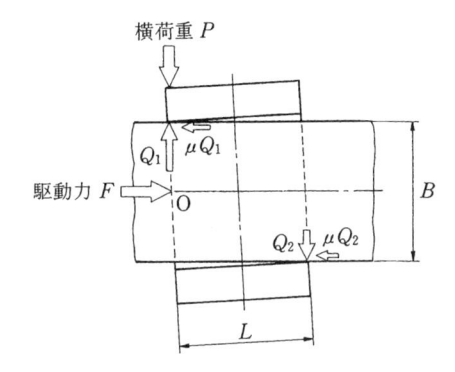

図 4.9　ナローガイド

図 4.9 に示すように案内部の中央で駆動する。

O点のまわりのモーメント M の釣り合いから

$$M = Q_2 L + \frac{\mu Q_2 B}{2} = \frac{\mu Q_1 B}{2} \tag{4.6}$$

移項して

$$Q_2 L = \frac{\mu (Q_1 - Q_2) B}{2}$$

$$Q_1 - Q_2 = P$$

であるから

$$Q_2 = \frac{\mu P B}{2L} \tag{4.7}$$

$$Q_1 = P + \frac{\mu P B}{2L} \tag{4.8}$$

$$F = \mu(Q_1 + Q_2) = \mu P\left(1 + \frac{\mu B}{L}\right) \qquad (4.9)$$

このことより，案内部幅 B が大きいと，駆動力 F が増大することがわかる．

4.1.5 ひずみ0保持（組み立て時の締め付け）

工作機械の組み立てにおいても，ひずみが0の組み立てが必要である．小形の工作機械では，床の上に置いてそのまま使うようにするのが理想的である．この場合3点支持にすると，床の状態にかかわらず必ず3点とも接地するので，どれかの支点が浮いて工作機械に予期しないひずみが生じることがない．図 4.10 (a) に例を示す[26]．

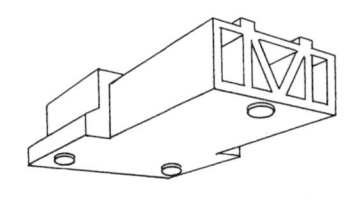

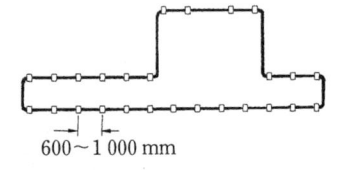

(a) 3点支持のマシニングセンタ　　　(b) 多点支持の支持間隔

図 4.10　3点支持と多点支持

工具と工作物の間で生じる切削力は作用・反作用の関係にあり，工作機械の内部で平衡がとれるので，その力が外部に及ぶことはない．しかし，工作機械の形状から3点支持にしにくい場合の方が多い．四つ以上の支点があると，通常どれか一つの支点が浮いてしまう．均等に支持するためには，支点の高さの調整を可能にしておき，かつ，各支点の支持力の配分も考えなければならない．

大形の工作機械は，コンクリートの厚い基礎の上に据え付ける．この場合は，3点では支持間隔が大きすぎて工作機械がたわむので，多数点で支持することになる（図 (b)）．ここでの考え方の大切なことは，コンクリートの基礎も一体として機械剛性を考えることである．工作機械本体だけで剛性を保とうとすると，背の高いベッドが要求される．基礎も工作機械の一部であるので，そのつなぎ目は多数の点で固定し，その固定の際，綿密に精度を出しておくことが大事なこととなる．

工作機械の各部所は平面で支え，ボルト締めをすることが多く，このとき接触面は平面精度向上のため，きさげされることが多い。たがいの面を平面に仕上げ，仕上げられた面を接して締め付ける。締め付けられた面が浮いていると，締め付けたときにひずみを生じる。場合によっては，二つの接触面をすり合わせる。多点あるいは面で接していることは，この部の剛性が上り，吸振性も向上する。案内面に滑り案内が用いられることの多い理由の一つである。超精密加工機械では，精密測定器と同じように外部からの振動を遮断するために，減衰性の高いやわらかいシートの上に機械を乗せることも行われる。

4.2 直線運動機構と構造

4.2.1 案　内　部

直線運動を高精度に行わせるには，真直度の高い案内面とその面に沿って揺れることなく滑らかに案内される被案内要素を組合わせて行う。

案内部に要求される条件として，① 剛性が大きく，変形しにくいこと，② 減衰効果の大きいこと，③ 形状が正確であり，正確な運動ができること，④ 摩擦係数が小さく，潤滑性が良好なこと，⑤ 遊びが少なく，すきまの調整が可能であること，⑥ 切りくずやちりに対して保護機能があること，などが挙げられる。

被案内要素の形式は，三つの種類が考えられている。**滑り案内**（sliding guide），**転がり案内**（rolling guide），**静圧案内**（static pressure guide）である。

〔1〕**滑り案内**　滑り案内は，真直な案内面に平面の被案内面を合わせ，その面を滑らせる方法で，最も簡単なので古くから用いられている。滑り案内は，① 負荷能力が大きい，② 高速性能がよい，③ うまく潤滑すれば半永久的な寿命を持つ，④ 吸振性および耐衝撃性が大きい，⑤ 剛性が高いなどの特性を持っている。

滑り面に潤滑剤を塗布して面と面の間に油膜を形成すると，摩擦が減り，摩

耗も少なくなる。図 **4.11** に示すように，前方に広いくさび状すきまがあると，滑り速度によって油膜圧力（動圧）が発生する。

生じる油膜圧力分布 p は，粘性流体の動力学の式より

$$p = \frac{\eta VB}{h_2^2} f\left(a, \frac{x}{B}\right) \qquad (4.10)$$

a：油膜厚さの前後の比，$\frac{h_1}{h_2}$

η：粘性係数

$f\left(a, \frac{x}{B}\right)$：$a, \frac{x}{B}$ を含む関数

V：滑り速度

B：滑り方向の案内面長さ

滑り方向に垂直方向の案内面長さを L とすると，発生荷重 F_p は

$$F_p = \frac{\eta VB^2 L}{h_2^2} \phi(a) \qquad (4.11)$$

となる。ここで a の適値は 2～3 で，このとき $\phi(a)$ は 0.12±0.02 程度である[27]。案内面にかかる許容最大面圧力は 0.1 MPa 前後で設計される。

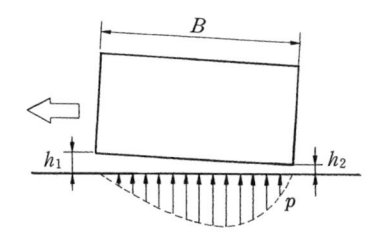

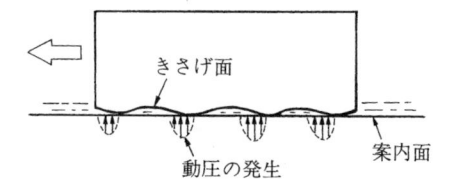

図 **4.11** 滑り案内部のくさび効果

図 **4.12** きさげ面の滑り案内効果

図 **4.12** に示すように，案内面あるいは被案内面のうち，どちらかをうねりのある面にしておくと，うねりの斜面では面と面の相対滑りの際，くさび作用で油膜圧力が発生し，その圧力で負荷を支えることになる。

また，うねりの凹部は油だめとなる。真直な案内面を作るために，古くからきさげ作業が行われてきたが，このきさげ面はほどよいうねり面となる。しかし，直線案内では，低速度なので，この油膜圧力でテーブルを浮上させること

はできず，案内面の粗さもあるので，一般的には固体接触と流体潤滑の混合した境界潤滑状態となる。

このような境界潤滑領域では**スティックスリップ**（付着滑り，stick-slip）（図 4.13）を起こしやすい。

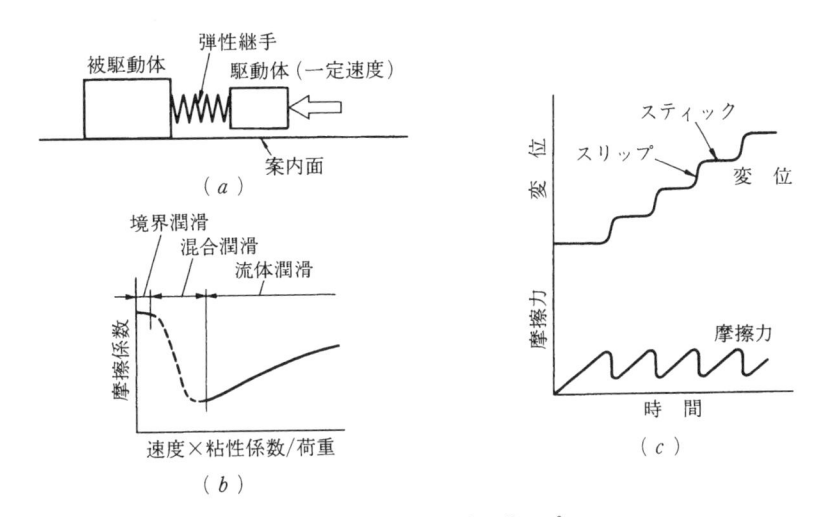

図 4.13 スティックスリップ

静止状態から移動速度が増大するにつれて，摩擦係数が急激に減少する範囲がある。そのため，極低速で動かすと，駆動系の弾性変形により静止状態で抵抗の大きな状態だったのが，始動と同時に摩擦係数が減少して抵抗が下がり，急激に移動し，行き過ぎを生じる。その行き過ぎた所で静止を起こすということを繰り返す。このため案内部材質にも摩擦の少ない材質を張り付ける場合もある。

4.1.1 項で述べたように，滑り案内では水平方向案内で遊び 0 にするためには工夫が必要である。遊び 0 を実現する機構として，つぎのようなものが考えられる。

1) 一方の基準面との間に**くさび**（wedge）を入れて，くさびの出し入れですきまを調整する（図 4.14）。ただし，この方法ではすきまが少しでも負になると，大きな摩擦力が発生し，駆動不可能になるおそれがある。

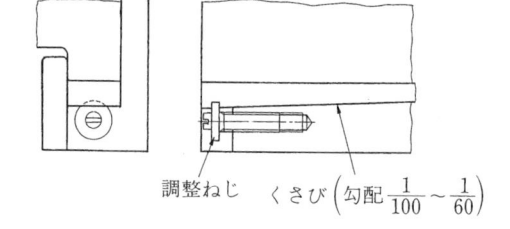

図 **4.14** 直線滑り案内部のすきま調整

調整ねじ　くさび$\left(勾配\dfrac{1}{100}～\dfrac{1}{60}\right)$

2) 一方を副案内として，ばねを介して圧力をかける。この場合，つねに両面は接触しており，外力が副案内側からかかった場合でも，ばねの押し付け力以内であれば，基準面と被案内面が離れることはない。また，案内は主案内面でなされるので，副案内面に誤差があっても影響されないという利点もある。

工作機械によく用いられる案内形状を図 **4.15** に示す。図 (a) は旋盤によく用いられる形式で，水平方向に対して山形のナローガイドとなっている。特に高精度・高寿命が要求される場合に，あえて難しい複数面案内を用いることがある。

(a) 山-平組合せ案内面　　(b) ダブル V 形案内面

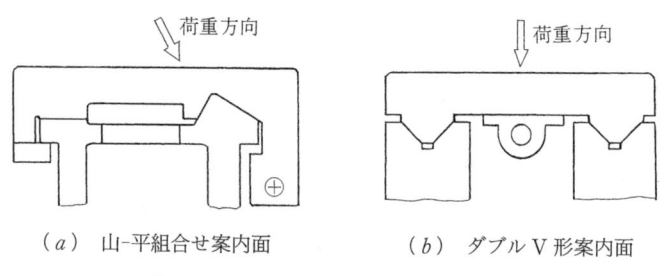

図 **4.15** 工作機械に用いられる案内面

図 (b) はダブル V 形案内であるが，4面の案内をすべて均一に接触させるように作らなければならない。しかし，このようにしておくと，ある面が摩耗した場合，その面は浮いて接触しなくなり，それ以上の摩耗はしなくなる。結局各面は均一に摩耗して行くことになり，長期間高精度が維持されるのである。またテーブル中央で駆動すると，水平方向に対する抵抗力に近い位置で駆動することができるので，発生する偶力が小さい。

案内面の潤滑油は，低速度高荷重のもとでは高粘度，高速度では低粘度の潤滑油を用いる。共通に要求される性能として，油性，付着性，極圧性に優れていること，切削液や研削液に対して安定性を持つことが挙げられる。案内面に潤滑油を広く供給できるようにするために，案内面に油溝を設ける。図 4.16 に油溝の形状の適否を示す[28]。

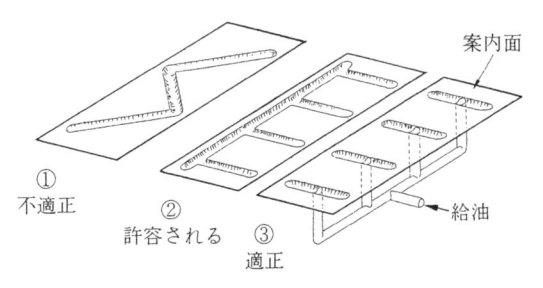

図 4.16 案内面の油溝形状

〔2〕 **転がり案内** 工作機械の送り運動速度の高速化に伴い，滑り案内に代わって摩擦抵抗の小さい転がり案内が用いられる場合もある。直線運動を行う転がり要素はローラあるいは球が用いられる。

転がり案内の特徴は，①摩擦係数が $0.02 \sim 0.04$ と小さいこと，②スティックスリップが発生しないこと，③予圧を与えることにより遊び0の案内ができること，④寿命はあるが，寿命計算ができることである。一方，剛性はそれほど大きくはないこと，吸振性が劣るなどの欠点がある。

形式は大きく分けて，可動範囲が制限される形式と制限のない形式のものがある。図 $4.17(a)$ は案内面と被案内面の間に転動体を挟んだ形式のもので，転動体は保持器でつながっている。この場合，被案内面の移動に対し転動体の移動はその半分となり，限度を越えると被案内面が転動体からはみ出してしまう。図 (b) にV-平形案内に利用した例を示す。

図 4.18 に2方向拘束型のローラを用いた転がり案内を示す。図 (b) のように取り付けたとき，上下左右の4方向の力を支えることができる。遊びや予圧の調整はねじによって行う。

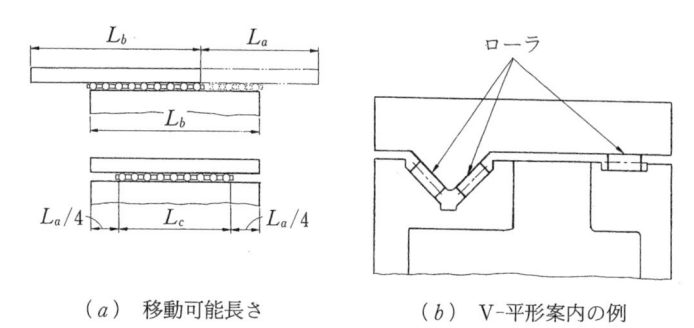

(a) 移動可能長さ (b) V-平形案内の例

図 **4.17**　直動転がり案内

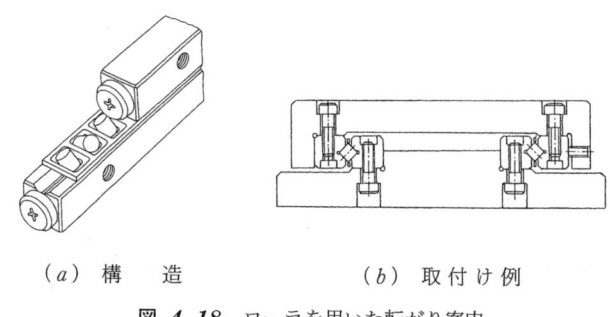

(a) 構　造 (b) 取付け例

図 **4.18**　ローラを用いた転がり案内

　これに対して図 **4.19** に示すような，転動体の循環する構造のものは，制限なく移動させることができる[29]。これは，案内面となるレールも含めてユニットとしても製造されているので，レールを工作機械のベッド上に取り付け，転がりユニットをテーブルなどの被案内要素に固定するだけでよい。

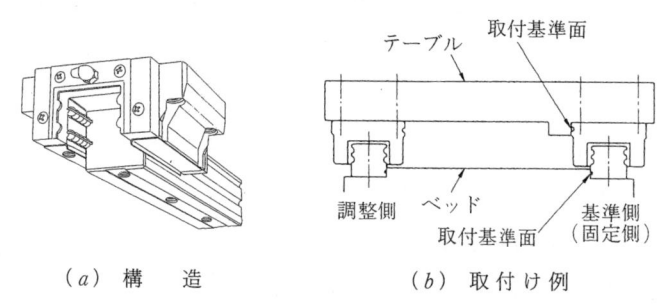

(a) 構　造 (b) 取付け例

図 **4.19**　循環式転がり案内を用いた転がり案内

ただし，レールをまっすぐに取り付けるために，ベッド上に真直に仕上げられた面を作っておかなければならないのは当然のことである。図に示す形式ではボールの径を変えて，数種類の予圧の異なるユニットが製品化されていて，調整不要である。そのため遊びのない駆動ができる。転動体が接する面は焼き入れ硬化した材料を研削仕上げした面となっている。

しかし，転がり案内は吸振性に乏しく，転動体に不ぞろいがあると振動が発生する可能性もあり，吸振対策は別途考慮されなければならない。

〔3〕 **静圧案内**[27]　静圧案内は，案内面と被案内面の間に高圧の油あるいは空気を押し込み，被案内面を浮上させる方法である。浮上しているので固体接触がなく，移動に対する抵抗は油や空気のせん断力なので極めて小さい。また吸振性が非常に高い。

その機構は**図 4.20**に示すように，荷重 F に対してポケット有効面積を A_e，ポケット内圧力を p_1 とすると，$F = p_1 A_e$ が得られるように，$p_s > p_1 > p_a$（大気圧）の高圧流体を送り込んで浮上させている。

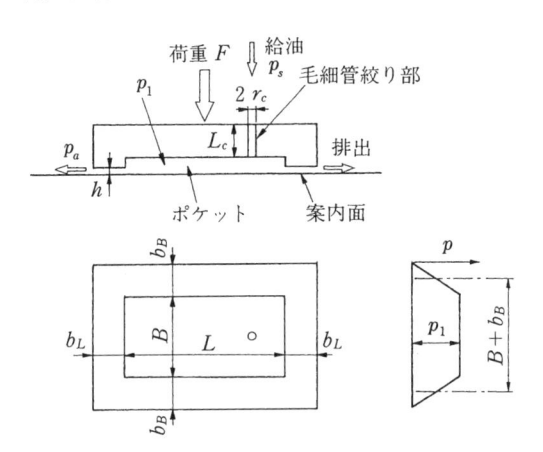

図 4.20 静圧案内の原理

荷重 F が大きくなると，ポケット部は下がり，すきま h が小さくなる。そうなると，この部から流れ出す流体の抵抗が増え，流量は減少してポケット内圧力 p_1 は上昇し，F と釣り合いがとれた位置で安定する。

図 4.20 に示したのは，毛細管絞り形式である。荷重を F とすると

$$F = p_1(B+b_B)(L+b_L) = p_1 A_e \tag{4.12}$$

となる。ポケットからの流出流量 Q_{out} は

$$Q_{out} = \frac{h^3 p_1}{12\eta}\left\{\frac{2(B+b_B)}{b_L} + \frac{2(L+b_L)}{b_B}\right\} = h^3 p_1 K_B \tag{4.13}$$

$$K_B = \frac{1}{6\eta}\left\{\frac{(B+b_B)}{b_L} + \frac{(L+b_L)}{b_B}\right\}$$

K_B：軸受の設計（ポケット形状，潤滑油粘度）で定まる係数

すきま h は $(p_s - p_1)$ の圧力差によるポケットへの流入流量と流出流量が等しいという条件より求まる。

流入流量は半径 r_C，長さ L_C の毛細管絞りとすると

$$Q_{in} = \frac{\pi r_C^4}{8\eta}\frac{(p_s-p_1)}{L_C} = K_C(p_s - p_1) \tag{4.14}$$

$$K_C = \frac{\pi r_C^4}{8\eta\, L_C}$$

$Q_{in} = Q_{out}$ より

$$\frac{K_B}{K_C} = \frac{p_s - p_1}{p_1\, h^3} \tag{4.15}$$

$$p_1 = \frac{p_s}{1+h^3\, K_B/K_C} \tag{4.16}$$

$$F = \frac{p_s A_e}{1+h^3\, K_B/K_C} \tag{4.17}$$

荷重の変化に対するすきま h の変化を最も小さくする条件，すなわち剛性度 $(\partial F/\partial h)$ 最大の条件は $\partial^2 F/\partial h^2 = 0$ のときで，このとき

$$h = \left(\frac{K_C}{2K_B}\right)^{\frac{1}{3}} \tag{4.18}$$

$$F = \frac{2}{3} p_s A_e \tag{4.19}$$

$$\frac{p_1}{p_s} = \frac{2}{3} \tag{4.20}$$

$$\left(\frac{\partial F}{\partial h}\right)_{max} = \frac{2}{3} p_s A_e/h \tag{4.21}$$

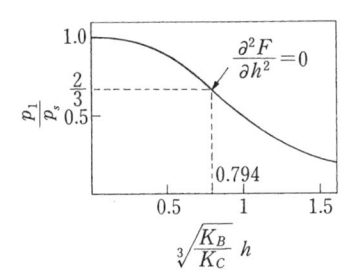

図 4.21 剛性度最大を求める図

を得る[27]（図 4.21）。

剛性を上げるための絞り部の構造として，ダイヤフラムを用いた方法がある。ポケット内の圧力によってダイヤフラムがたわみ，絞り部の抵抗が大きく変わり，荷重の変化に対してすきま h の変化を非常に小さくすることができる。図 4.22 にその構造と特性を示す[30]。

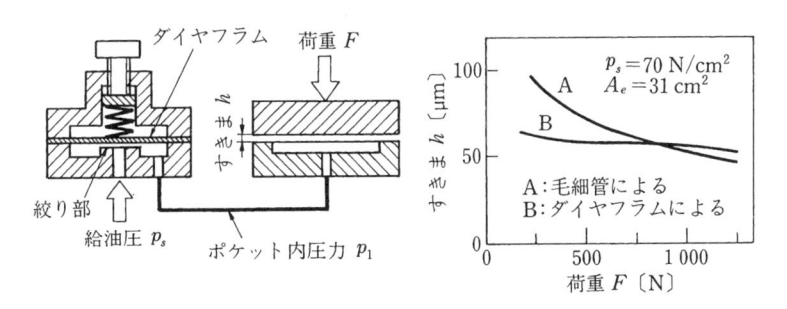

図 4.22 ダイヤフラム式

剛性を上げるためのほかの方法として，対向ポケット式が用いられる。図 4.23 に示すように，案内が上下方向のとき上下両方にポケットを置く。このようにすると上下のポケットの圧力を同時に上げても位置の変化は生じない。偏心 e のないとき（荷重のないとき）のすきまを h_0，ポケット圧力を $p_1 = p_2 = p_0$ とし，偏心後のすきま $h_1 = e + h_0$，$h_2 = e - h_0$ とすると，剛性度 $\partial F/\partial e$ を最大にする条件は，$e = 0$ のとき

$$\frac{p_s}{p_0} = 2$$

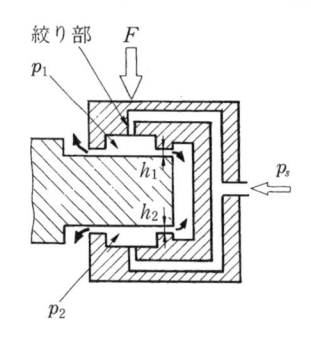

図 4.23 対向ポケット形式静圧案内

$$\frac{K_B}{K_C} = \frac{1}{h_0^3}$$

となり，このときの剛性度は

$$\left(\frac{\partial F}{\partial e}\right)_{e=0} = \frac{3A_e p_s}{2h_0} \qquad (4.22)$$

となる．

対向ポケット式にすると，絞り部に毛細管を使用しても供給圧力 p_s を上げられるので，高い剛性度の設計が容易にできる．

4.2.2 駆　動　部

駆動部は動力の伝達を確実に行うとともに，精密な位置決めを行う必要がある．直線送り機構としては台形ねじ，ボールねじ，歯車とラックなどによってモータによる回転運動を直線運動に変換している．短い運動ではクランク機構やカムが使われることもある．変速機構として歯車，Vプーリとベルト，球や円すい面を利用した摩擦駆動による無段変速，インバータを用いた電気的変換などが用いられている．

〔**1**〕**台形ねじ**　　台形ねじは，旋盤，フライス盤などあらゆる工作機械に使われてきている．しかし，台形ねじは，駆動を行うおねじと被駆動側に付属しているめねじの間の滑り案内である．そのため，おねじとめねじの間にはすきまがある．工作機械では，できる限り送り駆動は切削力に逆らう方向に行うことによって，すきまの影響を避けている．

しかし，フライス盤で下向き削りを行う場合は，切削力の方向と送りの方向が一致するので，切削力が被駆動体の摩擦力を上回ると，被駆動体をすきまの分だけ食い込ませ不安定な切削運動となる。そこで，すきまのない駆動が要求される。

この対策として図 4.2 に示すようにダブルナットにして，そのナット間を調整ねじで調整し，それぞれのナットと親ねじの左右のねじ面とのすきまを小さくすると，被駆動体はどちらの側にもすきまが小さいことになり，安定した送り運動ができる。ナット間をばねで張ると，ばねにかかる荷重以下の外力に対しては遊び 0 で駆動できることになる。図 4.24 にフライス盤のテーブル駆動におけるすきま調整方法を示す。

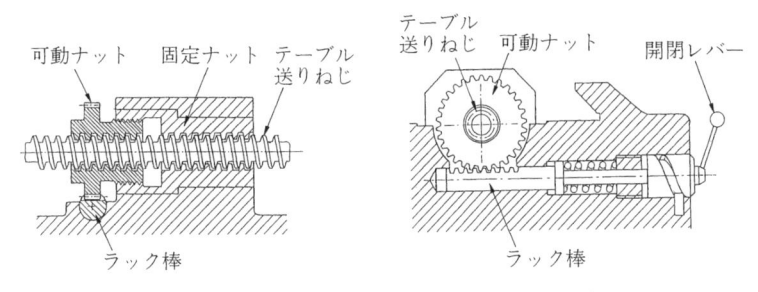

図 4.24　フライス盤におけるすきま調整方法例

〔2〕　**ボールねじ**　NC 工作機械の出現とともに，直線駆動にボールねじが使用されるようになった。ボールねじは，おねじとめねじの溝の間に球を挟んだ，球の転がり運動を利用するもので，摩擦係数が小さく，また，すきまも小さく，予圧もかけられる。図 4.25（a）にナット部の構造を示す。

球は駆動中循環して戻る構造となっている。ボールねじの摩擦係数は 0.002 〜 0.01 程度と小さく，そのため図（b）に示すように効率は 90％以上であり[29]，滑りねじに比べると非常に高い。このため，おねじを押してナットを回すこともできる。ダブルナット形式にすると予圧をかけられるので，機構上遊びを 0 にできる。

予圧の与え方は図 4.26 に示すように，ナット間に厚さを調整した間座を

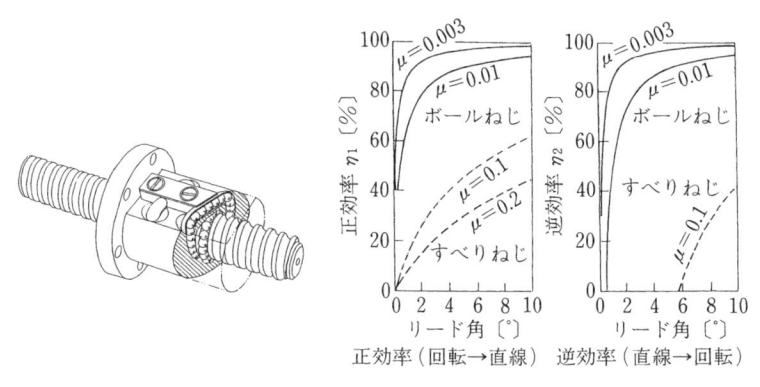

(a) ボールねじの構造　　　　(b) ボールねじの機械効率

図 **4.25**　ボールねじ

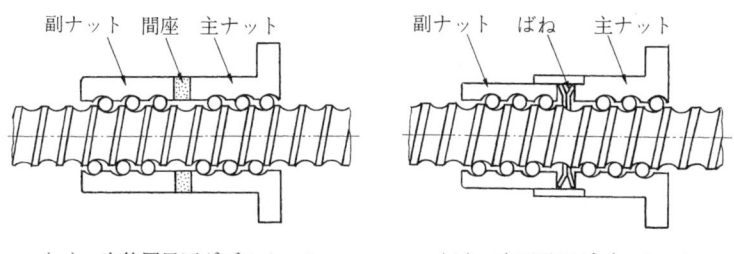

(a) 定位置予圧ダブルナット　　　(b) 定圧予圧ダブルナット

図 **4.26**　ボールねじに予圧をかける方法

挿入する定位置予圧とナット間にばねを挿入する定圧予圧がある。また，ボールの径を調整し，シングルナットで予圧を与える方法もある。

　ボールねじを使って高精度の位置決めを行うには，ボールねじ系の軸方向剛性の大きなことが求められる。ねじの両端の支持は，固定-自由（軸方向），または固定-固定の形式がある。ボールねじ系の軸方向剛性 K_T は，ねじ軸の軸方向剛性を K_S，ナットの軸方向剛性を K_N，ねじ軸両端の支持軸受けの軸方向剛性を K_B とすると，次式で表される。

$$\frac{1}{K_T} = \frac{1}{K_S} + \frac{1}{K_N} + \frac{1}{K_B} \tag{4.23}$$

ねじ系構造と変位の計算例を図 **4.27** に示す[29]。

〔3〕**静圧ねじ**　めねじ側に圧力油の噴射口とポケットを設け，ポケッ

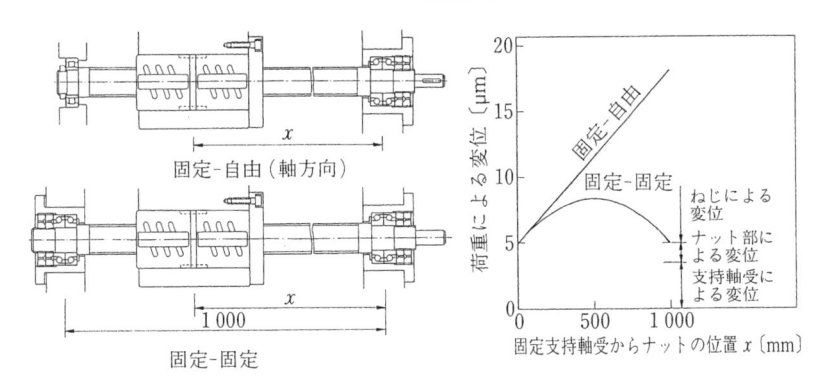

図 4.27 ボールねじ系の剛性

ト内の圧力で荷重を支える。おねじとめねじの直接の接触がないので摩擦が極めて小さい。ねじの局部的誤差はナットの長さの中で平均化されるので，送り精度はねじ精度より向上する。また対向パッドの形式にするので，バックラッシを生じない。**図 4.28** に例を示す。

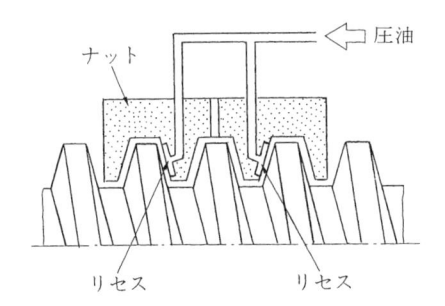

図 4.28 静圧ねじの構造

〔4〕 **リニアモータ駆動**　**リニアモータ**（リニア磁気アクチュエータ，linear motor）は，回転形モータの1次側および2次側を直線上に引き伸ばして，電気エネルギーを直接に直線的な推力に変換するものである。

　リニアモータの特徴は，① 歯車，ベルトなどを必要とせず，直接直線的推力が得られるので，機構の簡素化が図れること，② 歯車のがたなどによる位置決め誤差がないので，高精度が得られること，③ 構造が簡単なため，高信頼度化，無保守化が図れることなどが挙げられる。

　問題点としては，1次側と2次側のすきまが大きく効率が低下すること，ま

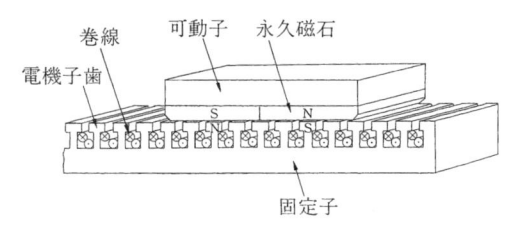

図 4.29 リニア直流モータ（可動界磁形）

た長いストロークにわたって，すきまを一定に保つための支持機構が必要であることなどが挙げられる。図 4.29 にリニアモータの例を示す。

リニアモータの種類には，リニア直流モータ，リニアステップモータ，リニア誘導モータなどがある。1m以下の短ストロークで高精度・高位置決めにはリニア直流モータが，1m以上のストロークで大形用にはリニア誘導モータが適している。リニアステップモータは，ステッピングモータを直線化したもので，入力パルスと移動距離が比例するので，位置センサが不要であること，自己保持力で位置が固定できることなどの利点がある。

〔5〕 **駆動系の剛性** 駆動系の剛性，特に駆動軸のねじれ変形は位置決め精度に大きな影響を及ぼす。基本的な考え方として，駆動系の長さをできるだけ短くすることが有効である。すなわち，モータを被駆動部に近いところへ設置することである。

多軸を同時制御する場合は，ねじれなどの弾性変形による遅れが等しくなるような位置にモータを設置すること，多数個のモータを同時制御する場合は，それぞれの駆動系の長さを最小にすることが有効である。

4.3 主軸の高精度回転機構

4.3.1 主 軸 構 造

円筒形の工作物を製作するには，工作物をある一点を中心として回転させ，それに工具を当てて切削する必要がある。工作機械において，工作物や工具を取付けて回転させる軸を主軸という。

主軸は図 **4.30** に示すように，前部軸受の外側に荷重がかかる片持ちはりの形式になる。また軸方向にも荷重がかかる。したがって，加工に近い前部の軸受に最も負荷がかかり，荷重点半径力以上の力を支えることになる。そのため，主軸は前方が太く，後方はやや細く設計されるのが普通である。

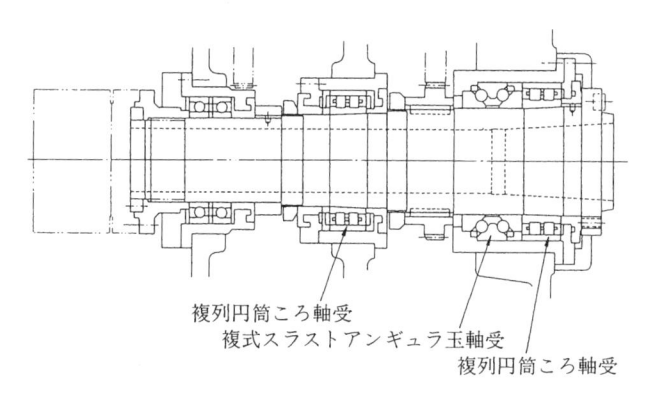

複列円筒ころ軸受
複式スラストアンギュラ玉軸受
複列円筒ころ軸受

図 **4.30**　工作機械主軸の例（CNC 旋盤）
〔精機学会編：精密機械設計便覧（1970）から引用〕

軸受位置は耐荷重だけでなく，たわみも考慮して，前方軸受と後方軸受の径と間隔が設計される。後端は，電動機から動力を伝えるため，歯車やプーリが取り付けられる。

旋盤の場合，軸受間には主軸と連動して往復台を動かすので，主軸を駆動軸とした歯車機構が設けられている。動力の伝達にベルト・プーリを用いるのは，モータで発生する振動をベルトで吸収する目的もある。

高速回転軸では，主軸をモータ軸として主軸と一体にした**ビルトインモータ**（built-in motor）**形式**のものも開発されている（**図 4.31**）。この場合，変速は**サーボモータ**（servomotor）による周波数変化で行う。そのため，歯車変速のように低速にするほど高トルクが得られることにはならない。

2 章で述べたように，軸をその回転中心を動かすことなく回転させることは，真円の軸を 3 点以上ですきまなく支えることによって実現できる。逆に真円の軸受に 3 点以上で接触する軸を作っても原理の上では可能であるが，その製作は困難である。

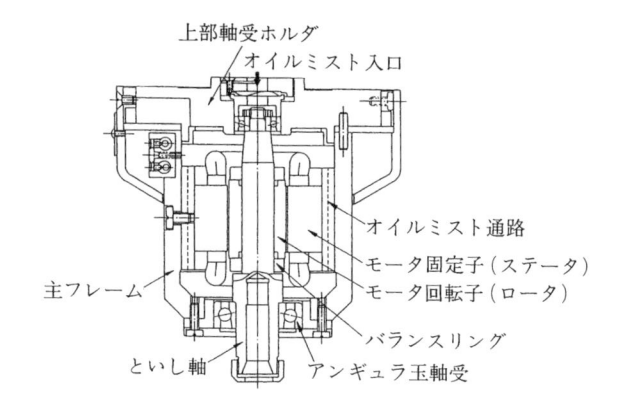

ジグ研削盤といし軸,軸径 20 mm,回転数 40 000 rpm,軸出力 150 W

図 4.31 ビルトインモータを組み込んだ高速主軸
〔精機学会編:精密機械設計便覧(1970)から引用〕

　円筒研削盤では,工作機械に高精度な回転精度の主軸を作ることを避け,工作物の両端を支えるセンタを回転させない両端デッドセンタ方式がとられている。回転しないものは変動しないという考え方である。

　図 4.32 に両端デッドセンタ方式の主軸構造を示す。センタ軸と面板の間に軸受を設け,面板だけが回転するようになっている。工作物は両センタで支えられ,回し金で回転させられる。しかしこの場合は,センタと工作物に設けられたセンタ穴で回転案内が行われるので,この部分の案内精度が工作物の真円度に影響する。センタの円すい部分の断面が真円であることと,センタ穴の形状が真円に対して振れの生じない接し方になっているかということが問題に

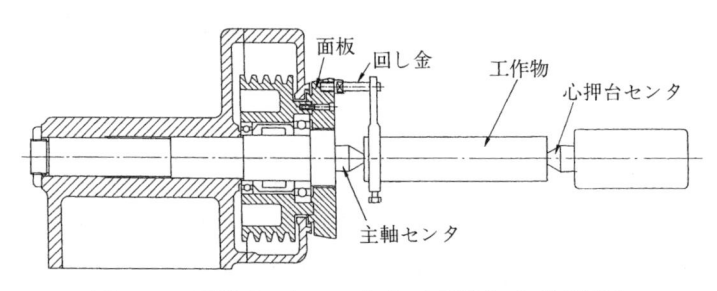

図 4.32 両端デッドセンタ方式の主軸構造(円筒研削盤)

なる。

　実際にこの方法である程度良好な真円度が得られていることから，つぎのようなしくみを推測することができる。普通，センタ穴あけは，センタドリルによる切削加工で行われる。センタドリルの刃は2枚の刃を持っているので，3角形の真円度誤差を生じやすい。この形状はセンタに対し3点で接触することになり，高回転精度を得るための条件に合っている。接触する3点がちょうど120°ずつの等分割にならず，工作物ごとにかなりのばらつきがあるとすれば，センタの摩耗は特定の形状に摩耗するのではなく，凸部の摩耗が大きく，凹部の摩耗が少ないという摩耗形態が生じることになり，それは真円に近づく加工原理に一致することになるので，センタの真円度が保たれることになる。

　しかし，両センタ作業で行うことが困難な短い製品を加工する場合は，主軸に工作物を保持して回転を行わなければならない。この場合は，主軸軸受部の軸の真円度と軸を受ける軸受構造が高精度回転の重要な要素となる。

4.3.2 主 軸 受 部

　軸受は，回転する軸を振れさせないように，また軸にかかる荷重を十分に支えることができなければならない。各種の軸受について説明する。

　〔1〕 滑 り 軸 受　　最も長い歴史のある形式で，簡単なものは円筒状の穴の形をしており，すきまの調整はできないが，細い軸に適用される。

　軸受の滑り部は摩擦係数が小さく，焼き付きを起こしにくいように軸材とは異なる材質のものを使う。軸受の滑り部は，摩耗したら交換できるようにブシュとすることが多い。この場合，荷重がかかると軸が偏心し，くさび形のすきまができ，動圧が発生して荷重を支えることができる（図 4.33）。

　しかし，すきまの調整ができないことや，荷重の方向によって，偏心方向が変化するなど，高精度，高負荷を要求される工作機械の軸受としては不十分である。そこで，1か所のすり割りと2か所の溝の入った割ブシュにし，ブシュの外径をテーパにして軸方向に移動できるようにすると，すきまの調整が可能になると同時に，3点接触の形式を創成できる（図 4.34）。

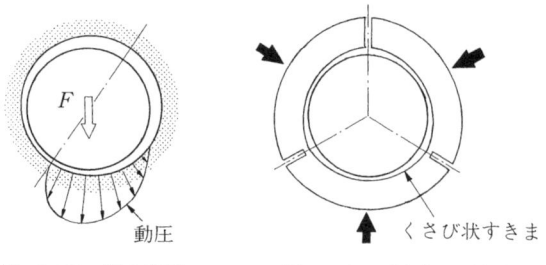

図 **4.33** 滑り軸受　　図 **4.34** 割ブシュ軸受

図 **4.35** は大隈-マッケンゼン式滑り軸受である。ブシュの3か所を薄くし，軸の回転によって発生する動圧によってくさび形状が変化し，速度変化による動圧の発生を自然調節できるようにしている。またブシュの外側をテーパにしてブシュの3か所をくさびで押して，ブシュを変形させ，すきまを調整できるようにしている。3点で支えているので，荷重の変動に対して，軸心の移動が少ない。また，最適のすきま調整ができる。そのほかにも3点あるいは5点で支える種々の軸受形式が開発されている。

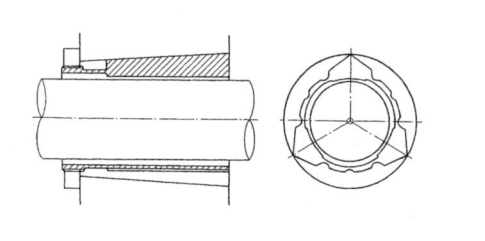

（*a*）取り付けた状態　　（*b*）回転しているとき

図 **4.35** 大隈-マッケンゼン式滑り軸受

〔**2**〕**転がり軸受**　　転がり軸受は，滑り軸受に比べ摩擦が少ないので，高速回転に適用しやすく，高精度のものも作られているのでよく使われる。

　軸受専門メーカで，高精度，高速度，高剛性に耐えられる転がり軸受が製造されている。また，標準化されているので，軸や軸受ハウジングの設計も容易で取り扱いやすく，メンテナンスも容易である。工作機械の主軸は，特に高回転精度が要求されるので，精度等級が高い高精度な軸受が選ばれる。

転がり軸受の種類としては，ラジアル玉軸受，アンギュラ玉軸受，複式スラストアンギュラ玉軸受，円筒ころ軸受，円すいころ軸受などがあり，半径方向力，軸方向力（スラスト）の設計値により，組み合わせて用いられる。

一般に，旋盤やフライス盤などの重切削が行われる工作機械には，複列円筒ころ軸受（図 4.30）や円すいころ軸受が使用されている。一方，研削盤や高速旋盤，高速フライス盤などの高精度，高速度が要求される工作機械にはアンギュラ玉軸受（図 4.31）や複式スラストアンギュラ軸受が用いられる。

アンギュラ玉軸受の組合せは，図 4.36 に示すように，背面組合せ(DB)（図(a)），正面組合せ（DF）（図(b)），並列（タンデム）組合せ（DT）（図

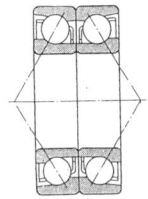

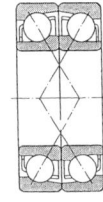

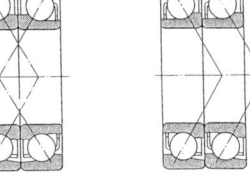

(a) 背面組合せ　　(b) 正面組合せ　　(c) 並列組合せ
　　(DB)　　　　　　　(DF)　　　　　　　(DT)

図 4.36　アンギュラ玉軸受の組合せ

コーヒーブレイク

ボールベアリングの選別組立てによる高精度化

転がり軸受は，精度の高さに比べて安価である。安価に作れる理由は専門メーカによる多量生産によるものであるが，精度の高さのほうは，本文で述べたように，無（多）方向ラッピングにより工作機械や工具の精度以上の球やローラが作られていることによる。さらに，多量に作られるので，同じ直径のものを選別してそろえることができるのである。

例えば，作られる球の径が 10 μm のばらつきがあったとしても，20 段階に分類すれば 0.5 μm のばらつきの球を 20 段階にわたってそろえることができることになる。軸受の球が転がる外輪および内輪の面の寸法を測り，最適の径の球を入れることによって，外輪・内輪と球の間のすきまを設計どおりに，微小な誤差で組み立てることができるのである。

(c))の3通りがある。

背面組合せにすると曲げモーメントに強く，両方向のスラスト荷重に耐えられる。並列組合せは一方向のスラストに強い形式である。

〔**3**〕**静 圧 軸 受**[31]　直線案内のところで説明したように，静圧で被案内部を浮上させる方法は，軸受に対しても有効である。静圧軸受は，円筒の周囲に設けた数か所のポケットに流体を供給し，静圧を発生させ，対向ポケット形式として軸を浮上させる。軸が停止中でも圧力が発生していて，軸を回転させても圧力の変化はない。

すなわち，軸の回転は低速から高速まで広い範囲にわたって使用できる。摩擦は液体あるいは気体のせん断抵抗なので，摩擦力は極めて小さい。また，軸や軸受の摩耗は原理的にはない。油静圧の場合は，減衰能が高く，対向ポケット形式なので剛性も高くとれる。

しかし，液体の供給装置，温度調整，ろ過装置など装置が高価になること，メンテナンスなど管理にやや難がある。

空気軸受の場合，支える荷重は小さくなるが，摩擦力は空気のせん断抵抗なのでほとんどないといってよいくらい微小である。また，油汚れもなくクリーンな運転ができ，必ずしも空気を回収しなくてもよいので，メンテナンスや管理も容易である。図 **4.37** に4個のポケットを持つ溝付きジャーナル静圧軸受を示す。

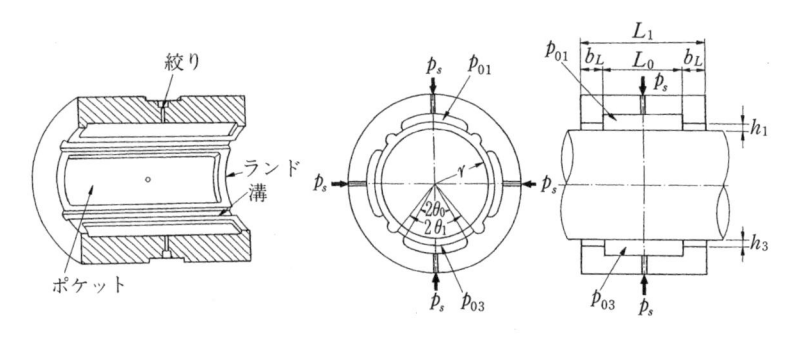

図 **4.37**　溝付きジャーナル静圧軸受

この場合，負荷容量 W はつぎのように求めることができる．偏心率があまり大きくない場合において，毛細管絞りの場合

$$W = A_e\, p_s\, F_W \tag{4.24}$$

で表される．A_e はポケット1個の有効面積で

$$A_e = (L_0 + b_L)\, 2\, r \sin\theta \tag{4.25}$$

$$\theta = \frac{\theta_0 + \theta_1}{2}$$

F_W は補正係数で，次式のように偏心率 ε の関数として与えられる．

$$F_W = \cfrac{1}{1 + \cfrac{p_s - p_0}{p_0} f_W(-\varepsilon)} - \cfrac{1}{1 + \cfrac{p_s - p_0}{p_0} f_W(+\varepsilon)} \tag{4.26}$$

$$f_W(\pm\varepsilon) = \frac{(1 - {\xi_E}^2) f_a(\pm\varepsilon) + (1 - {\xi_L}^2)\phi^2 f_c(\pm\varepsilon)}{(1 - {\xi_E}^2) + (1 - {\xi_L}^2)}$$

$$f_a(\pm\varepsilon) \fallingdotseq \left(1 \pm \frac{\sin\theta}{\theta}\right)^3$$

$$f_c(\pm\varepsilon) \fallingdotseq (1 \pm \varepsilon \cos\theta)^3$$

ここで，偏心率 ε は偏心がないときのすきま h_0 に対する偏心量 e の割合（$\varepsilon = e/h_0$）である．また p_0 は偏心率 ε が0のとき（$p_{01} = p_{03}$）のポケット内圧力である．ξ はポケット形状に関する係数で，$\xi_L = L_0/L_1$，$\xi_E = \theta_0/\theta_1$ である．

　静圧軸受は，原理としては，偏心しないと荷重を支える圧力が発生しないのであるが，その偏心を微小にすることができ，加工力の変動の少ない条件では，理論偏心量はわずかである．軸との固体接触がないので，軸や軸受の面粗さの影響を受けないなど，なめらかな回転が実現できるところから，超精密工作機械に適用されている．

　油静圧軸受の一般的な特性は，すきま 0.05〜0.1 mm，作動圧力 2〜3.5 MPa，剛性（2〜3.5）×10^3 N/μm である．

　超精密回転精度を得るには，軸の真円度が重要な条件である．高精度の真円は球面加工において作りやすいことを 3 章で説明した．**図 4.38** に軸受部の軸を球面にした超精密工作機械の主軸部を示す．

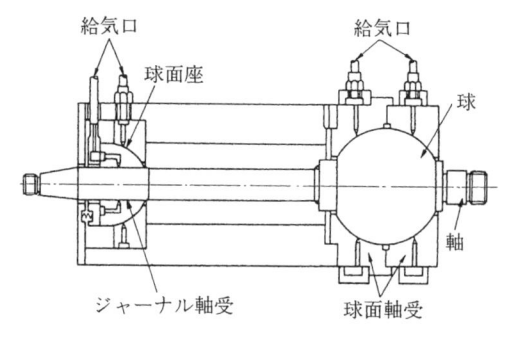

図 4.38　球面軸受部をもつ主軸
〔住谷充夫・上田勝宣・塚田為康：精密機械 45-10 p 73（1979）から引用〕

4.4　本　体　構　造

　工作機械の本体は，**ベッド**（bed），**コラム**（column），**横はり**（top beam），**横けた**（cross rail），**ベース**（base），**枠組み**（frame）などで構成される。この本体に，**サドル**（saddle），**テーブル**（table），**主軸頭**（spindle head）などが案内面に支持されて移動する。したがって，本体は切削力および機械各部の重量を支えて，加工中に静的変形，動的変形（振動），熱的変形が生じないように，また，駆動機構や制御装置の組込みや操作性にも配慮して設計する必要がある。図 **4.39** に横形マシニングセンタの構成要素を示す。

4.4.1　静　剛　性

　静剛性の高い構造にするには，まず機械の内部を伝わる力の流れ図（図 **4.40**）を作成し，各部にかかる引張り力，圧縮力，曲げモーメント，ねじりモーメントを調べる。いずれの力による変形も，その力のかかっている長さに比例するので，力の回路は短いほど変形が少ないことになる。図 **4.41** に工作機械の変位配分の例を示す[33]。

　コラムやアームの部分は片持ちはりと考えることができる。力を F，たわみ量を x とすると，片持ちはりの曲げに対する剛性 k は

4.4 本体構造

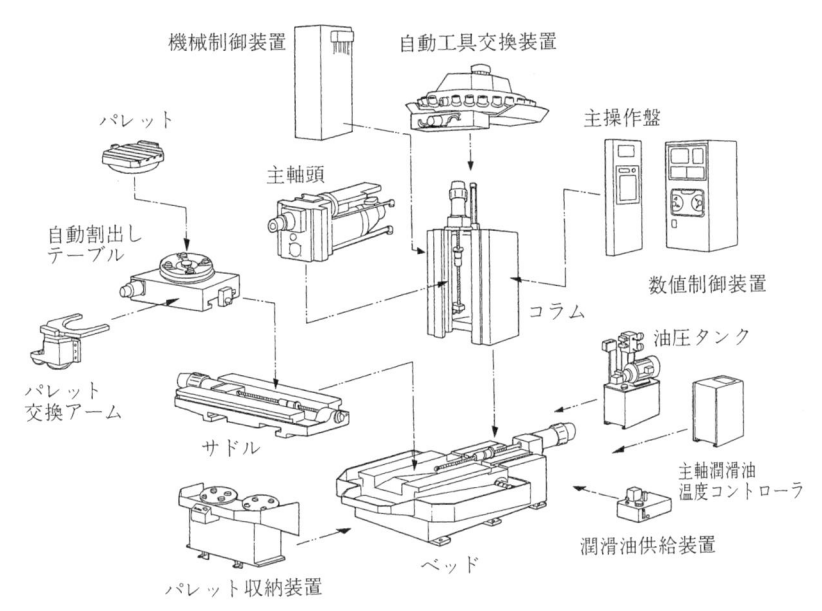

図 4.39 横形マシニングセンタの構成要素
〔精機学会編：精密機械設計便覧（1970）から引用〕

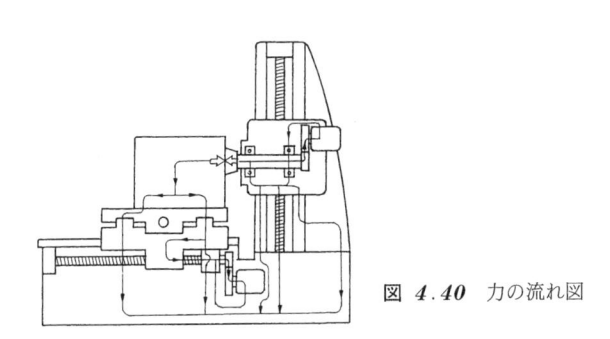

図 4.40 力の流れ図

$$k = \frac{F}{x} = \frac{3EI}{L^3} \tag{4.27}$$

で表され，長さ L，材料の縦弾性係数 E，断面2次モーメント I の影響を受けることがわかる。断面2次モーメントは，断面形状により大きく変わる。

コラムやアームには，ねじりモーメントもかかる。ねじりモーメントを M，ねじれ角を θ とすると，ねじりモーメントに対する剛性 k_D は

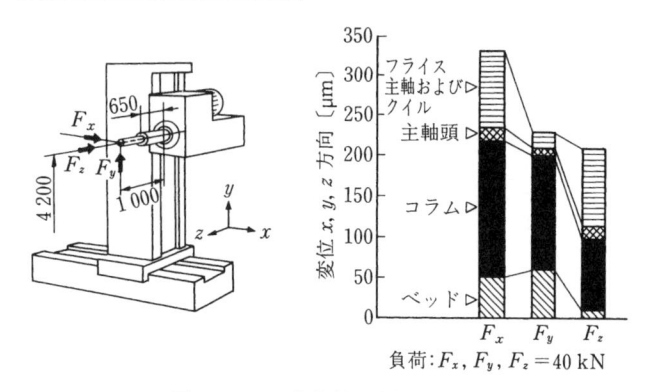

図 4.41　工作機械の変位配分の例

$$k_p = \frac{M}{\theta} = \frac{GI_p}{L} \qquad (4.28)$$

で表される．ここで G は材料の横弾性係数，I_p は軸心に対する断面2次極モーメントである．

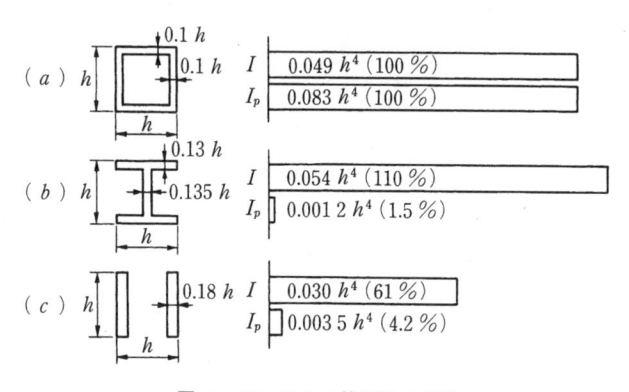

したがって，構成部品の断面構造は，断面2次モーメント I や断面2次極モーメント I_p の大きなものが望ましい．曲げによるたわみは IE，ねじり角度は $I_p G$ に反比例する．図 4.42 に，同じ高さ，同じ断面積のはりにおける静剛性の比較を示す[30]．4角形の箱形構造（図 (a)）と比較してみると，普通旋盤によく使われている I 形（図 (c)）は，ねじりだけでなく曲げ剛性も小さい．H 形（図 (b)）は，曲げ剛性に対して強いが，ねじりに対しては非

図 4.42　はりの静剛性の比較

常に弱いことがわかる。

このように，閉じた断面形状はねじり剛性が高いが，一部にでも穴があいていると，その剛性は著しく低下する。図 4.43 は壁に穴のある箱形はりのねじり角の変化を示したものである[30]。この場合，穴にふたをしてボルトで締め付けても，改善の効果はわずかである。図 4.44 (a) にコラム断面の実際例を，図 (b) に NC 旋盤のベッド断面の実際例を[33]示す。マシニングセンタベッドの例を図 4.10 に示す。

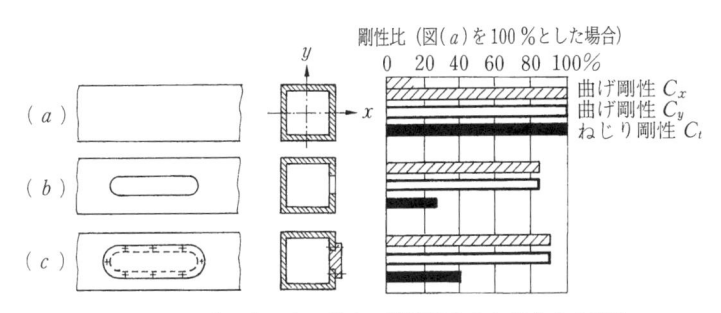

図 4.43 壁に穴のある場合の箱形はりのねじり角の変化

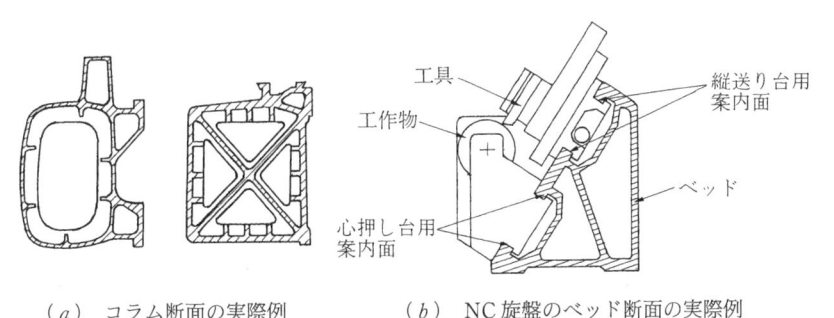

(a) コラム断面の実際例　　(b) NC旋盤のベッド断面の実際例

〔F. Koenigsberger and J. Tlusty 著，塩崎進，中野嘉邦　訳：工作機械の力学，p.16，養賢堂 (1972) から引用〕

図 4.44　本体断面形状の実際例

4.4.2　動　剛　性

工作機械は，その運動部分（電動機，主軸，往復台，駆動軸，油圧装置な

ど）および加工部の力の変動により，種々の周波数の振動を起こす。また，機械は複雑な構造をしているので，種々の周波数で共振を起こす。図 **4.45** (*a*) は立フライス盤の主軸方向（垂直方向）に加振力を与えた場合の共振点での振動モードを示す。図 (*b*) は，主軸とテーブルの間で，主軸方向（垂直方向）およびテーブル送り方向（水平方向）に加振力を与えた場合の主軸とテーブルの相対振幅を示す[35]。また，機械の各場所によって振動の位相がたがいにずれ，振動系は複雑になる。

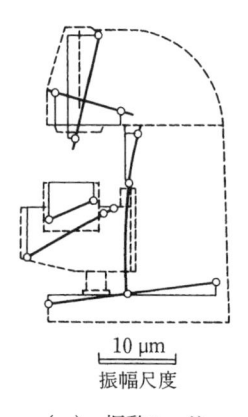

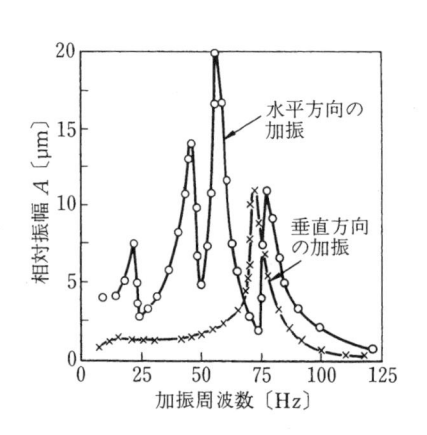

（*a*）振動モード　　　　（*b*）主軸とテーブルの相対振幅

加振力 $F=172$ N （垂直方向），
固有振動数 $\omega_0=73$ Hz

図 **4.45** 立フライス盤の振動モードと相対振幅

動剛性（動的ばね定数）はつぎのように定義される。

$$k_{dyn} = \frac{F_{dyn}}{x_{dyn}} = \frac{変動荷重}{変動荷重による変位}$$

共振点での振幅は減衰によって，ある振幅に抑えられる。共振点での動剛性 $k_{dyn\ min}$ は $2\zeta k$ で表される。ここで $\zeta = c/(2\sqrt{mk})$ （減衰係数比），k はばね定数，c は減衰係数，m は質量である。

振動を小さくするには，機械の運動を滑らかにして，発生する変動荷重を小さくしたり，減衰率を向上したりすればよい。工作機械の本体材料の対数減衰

率は，鋼で0.0005程度，鋳鉄で0.001〜0.003，セメントコンクリートで0.02〜0.06であり，鋳鉄が一般によく使われる。セメントコンクリートは減衰率が高く，超精密工作機械など振動に特に留意しなければならない場合のベッド材として用いられることがある。

部材の接合部の減衰効果により，図 4.46 に示すように，接触面圧力で減衰率が変化する[36]。両面きさげ仕上げの案内部で潤滑されている場合，大きな面圧であってもその減衰率は材料の減衰率の数十倍に達している。

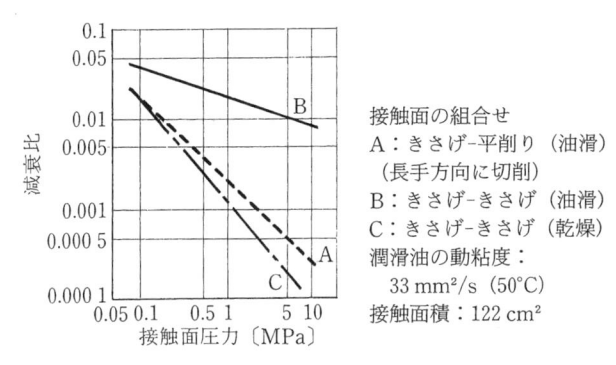

図 4.46 減衰に及ぼす接触面と接触面圧力の影響

主軸においては転がり軸受の場合であっても，予圧によって多くの転動体で荷重を支えさせると，静剛性が高くなると同時に減衰作用も増大することがわかっている[30]（図 4.47）。

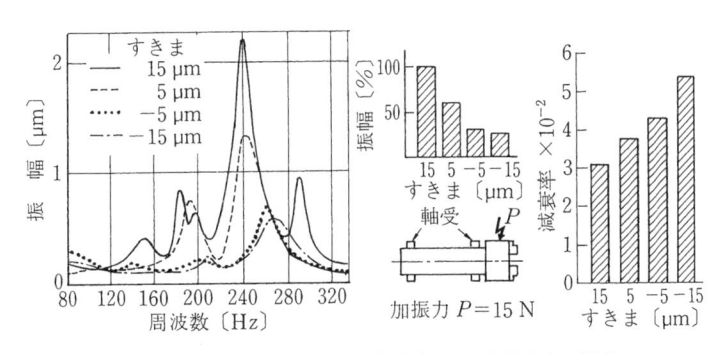

図 4.47 軸受のすきまと共振振幅および減衰率の関係

4.4.3 熱　変　形

　工作機械の材料である鋼は 1°C の温度上昇で 100 mm の長さにつき 0.001 mm 伸びる。機械の駆動中に潤滑油の温度が上昇し，機械を部分的に温める。図 4.41 に示すような長く突き出た中ぐり盤や平面研削盤の主軸ヘッドの先端では，温度が 10°C 上昇すると，主軸方向に数十 μm 伸びると同時にヘッドの下側が温められるので，主軸先端は上方へ大きく反り上がることになる。熱変形の基本パターンは図 4.48 に示すように，平均的温度上昇による単純な伸び（図 (a)），温度差による変形（片持ちの場合）（図 (b)），温度差による変形（両端自由の場合）（図 (c)）の三つケースがあるが，図 (b) の場合が最も変位が大きく，前述の主軸ヘッドやフライス盤などのコラムもこのケースにあてはまる。

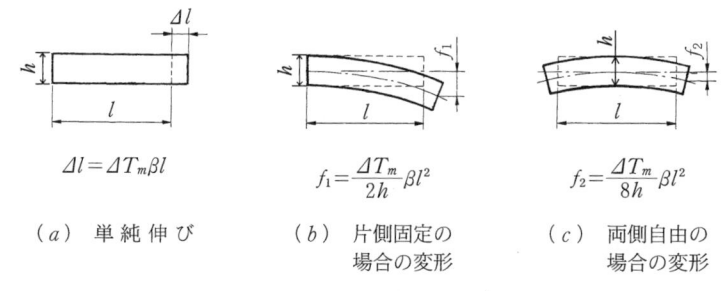

(a) 単純伸び
$$\Delta l = \Delta T_m \beta l$$

(b) 片側固定の場合の変形
$$f_1 = \frac{\Delta T_m}{2h} \beta l^2$$

(c) 両側自由の場合の変形
$$f_2 = \frac{\Delta T_m}{8h} \beta l^2$$

β：線膨脹係数　ΔT_m 上面と下面の温度差（厚さ方向に直線的変化）
h：厚さ　l：長さ

図 4.48　熱変形の基本パターン

　機械の熱膨張や変形を防ぐには，①モータなど外部に設置できる熱源は機械から切り離すこと，②機械内部の発熱をできるかぎり少なくすること，③発熱部をできるだけすみやかに冷却すること，④熱変形しにくい形状に機械を設計すること，⑤熱変形しにくい材料を用いること，⑥熱変形量補正を行うことなどが挙げられる。

　③については，例えば切削熱の場合，加工箇所に多量の切削剤をかける。また場合によってはオイルシャワーの中で加工する。機械内部は温度調整され

た潤滑油を強制循環させて内部温度を一定に保つようにする。転がり軸受に対しては潤滑剤を霧状（オイルミスト）にして，高速で転動体の周りに流すなどの手段がとられている。図 4.49 に冷却を考慮した主軸構造の例を示す[26]。

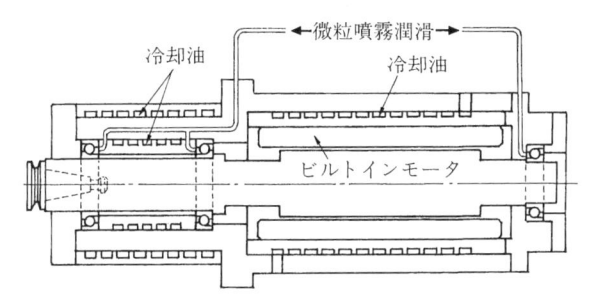

図 4.49　冷却を考慮した主軸構造

④については，例えば，マシニングセンタのコラムを左右対称にして，その中央に主軸ヘッドを抱え込むように装着し，発熱による変形が左右対称になるような構造にしている[38]（図 4.50）。

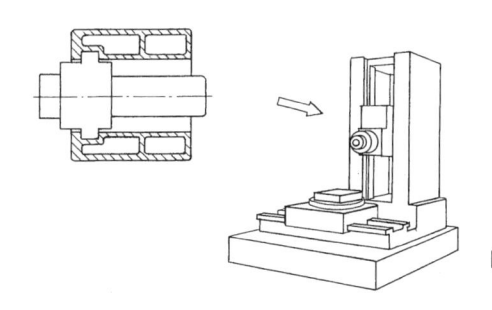

図 4.50　熱対称構造コラム

⑤については，例えば，ほとんど伸びのないゼロデュール（ガラス系材料，線膨張係数約 -0.01×10^{-6}）を主軸材に用いることも行われている。

⑥は，低熱膨張材料を使用して，軸の熱膨張を計測し自動補正を行うものである。

演 習 問 題

【1】 直線案内において，遊びはなぜ 0 にできないか。

【2】 直線案内において，遊びを少なくする方法を挙げよ。

【3】 身近の測定器や機械について，アッベの原理に従っているもの，従っていないものの例を探せ。

【4】 身近にある機械について，案内長さ L と案内幅 B の比はどのような値になっているか調べてみよ。

【5】 スティックスリップについて説明せよ。

【6】 身近にある機械について，案内断面はどのような形状になっているか調べてみよ。

【7】 身近にある機械について，滑り案内部のすきま調整機構はどのようになっているか調べてみよ。

【8】 図 4.16 において，油溝形状の適否の理由を考えよ。

【9】 図 4.51 のように滑り軸受において，動圧の発生する滑り方向の幅 B を 30 mm，滑り方向に直角の長さ L を 100 mm と仮定する。滑り速度が 120 m/min，後端の最小すきま h_2 が 12 μm，前端の最大すきま h_1 が 30 μm，潤滑油の粘性係数 η が 0.04 Pa·s のとき，案内部を支える油膜力はおよそいくらに見積まれるか。

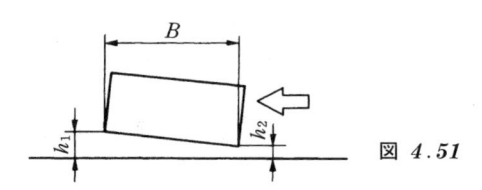

図 4.51

【10】 図 4.52 に示すような静圧案内がある。有効面積 A_e＝8 000 mm² （＝80 mm×100 mm），縁の幅 b_B＝b_L＝5 mm，毛細管長さ L＝30 mm とし，すきま h＝0.1 mm，荷重 1 000 N，使用油の粘性係数 η＝0.04 Pa·s のとき，最大剛性となるように供給油圧 p_s，毛細管直径 $2r_c$ および剛性を求めよ。

【11】 問【10】と同じ形状のパッドを，図 4.53 のように対向して置いた対向パッド形式にして，剛性を 10^5 N/mm としたい。供給油圧 p_s と毛細管直径 $2r_c$ を求めよ。

図 4.52　　　　　　　図 4.53

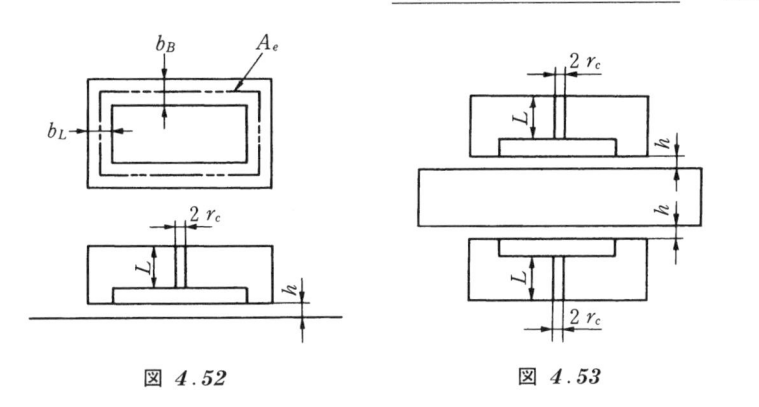

【12】滑り案内，転がり案内，静圧案内のそれぞれの利点と欠点を整理せよ．

【13】円筒研削盤は両端デッドセンタ（主軸側も回転しない）となっている．どのような理由からか．

【14】工作機械における力の流れ図を説明せよ．またこれは何の役に立つか．

【15】びびりを防ぐための工作機械本体で工夫すべき事項を挙げよ．

5

機械加工における計測

これまで学んできたように，工作機械による高精度な加工技術の進歩には，加工中の高精度な運動や位置決めが必要で，それには位置の測定技術の手助けが不可欠である。例えば，多軸同時制御で機械を動かす場合には，刻々の位置の測定を行う。また場合によっては，力や温度の測定も行い，その測定値をもとに機械に目的の運動を行わせるのである。本章では，おもに機械加工に関連する測定項目について述べ，測定器およびセンサについても簡単に述べることとする。

5.1 計測と精度・誤差

精密機械加工においては，加工を行った後に製作物を測定して評価する。その結果，所望する加工精度が得られていない場合は，さらに加工を行い，再度測定を行う。そして最終的に希望する値を得るまで，この手順を繰り返すことになる。以上のようなことから，計測は，精密加工を実現するうえで大切な技術の一つといえる。(図 **1.2** 参照)。

計測（measurement あるいは instrumentation（英国式））とは「特定の目的をもって，事物を量的にとらえるための方法・手段を考究し，実施し，その結果を用いて所期の目的を達成させること」と JIS Z 8103 に定義されている。

同じく，**測定**（measurement）とは「ある量を，基準として用いる量と比較し数値又は符号を用いて表すこと」と定義されている。

すなわち，「事物を量的にとらえるための方法・手段」が「測定」ということになる。「測定する」とは測定し結果を示すのみの行為であり，「計測する」

とは測定を行い，その結果を用いて目的が達成できるような，プロセス的な行為である。

5.1.1 ばらつきとかたより

細心の注意を払ってまちがいをなくして製作しても，その一つ一つの寸法には差異が生じる。各々の寸法の測定結果をプロットして分布図を作ると一般に図5.1のようになる。平均値（母平均）付近にある個数が最も多く，それから外れるにつれて個数が少なくなる。ここで加工された寸法の母平均と目標寸法（真の値）との差を**かたより**（bias）といい，それに対して測定値の分布状況を**ばらつき**（dispersion）いう。

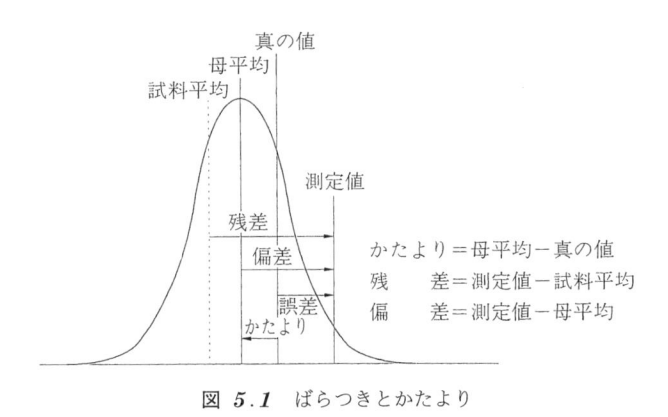

かたより＝母平均－真の値
残　差＝測定値－試料平均
偏　差＝測定値－母平均

図 5.1 ばらつきとかたより

かたよりの大きさは「測定値の母平均から真の値を引いた値」で示される。ばらつきの大きさは標準偏差などを用いて表される。

〔1〕**平　均**　個々の寸法を $X_1, X_2, X_3, \cdots, X_n$ とすると，**平均** (mean あるいは average) は次式で表される。

$$\bar{X} = \frac{X_1 + X_2 + X_3 + \cdots + X_n}{n} = \frac{1}{n}\sum_{i=1}^{n} X_i$$

〔2〕**標 準 偏 差**　試料平均を中心として製作寸法はばらついているが，そのばらつきの度合を示すものとして**標準偏差**（standard deviation）σ を用いることがある。

$$\sigma = \sqrt{\frac{1}{n}\sum_{i=1}^{n}(X_i - \bar{X})^2}$$

標準偏差の小さいほどばらつきが少ないといえる。また $(X_i - \bar{X})$ を **残差** (residual) という。測定値 X_i が $\bar{X} \pm k\sigma$ 以内に入る確率は

$k = 1$ のとき　68.3％

$k = 2$ のとき　95.4％

$k = 3$ のとき　99.73％

である。

測定機器の繰り返し精度は一般に $\pm 2\sigma$ の範囲で表示されている。

5.1.2　精　　　度

JIS Z 8103 計測用語では，つぎのように定義されている。

・**正確さ**（trueness）：かたよりの小さい程度。

・**精密さ，精密度**（precision）：ばらつきの小さい程度。

・**精度**（accuracy）：測定結果の正確さと精密さを含めた，測定量の真の値との一致の度合。

・**不確かさ**（uncertainty）：合理的に測定量に結びつけられ得る値のばらつきを特徴付けるパラメータ。例えば，標準偏差。

ここで，ばらつきは真の値とは関係しないことにも注意しておく必要がある。また，精度が高い（よい）とは「正確で，かつ精密であること」を示している。

〔1〕 **測 定 精 度**　測定精度とは，「測定者が被測定物を評価するうえで必要な基準を選定し，その基準となる量と比較し，測定値が真の値とどの程度一致しているかを表すものである」といえる。

では，ここでの測定における**真の値**（true value）とはいったい何であるのか。JIS では真の値は「ある特定の量の定義と合致する値」と定義されている。しかし，真の値は特別な場合を除いて，実際には求められていない値であり，観念的な値といえる。そのため，「不確かさ」の概念を用いることもある。

〔2〕 **加工精度**　加工精度とは，「加工結果の正確さ（かたよりの小さい程度）と精密さ（ばらつきの小さい程度）を含めた，測定値と目的値との一致の度合」といえる。

すなわち，所期の目的（図面に示された値など）に対して，いかに正確に，精密にできあがったかを示す度合である。

ここで，高精度であること（加工精度が高いこと）を示すためには，測定精度も十分に高いことが要求されることになる。究極的ないい方をすれば，高精度に測定する技術がなければ，高精度な加工は実現できないことになる。改めて，計測技術の大切が認識できるとともに，加工精度には測定精度が含まれていることも分かる。

5.1.3 誤　　差

ある製品を多量に生産した場合，同じ方法で作ってもその寸法は完全に一致しない。製品の寸法と目標の寸法との差を**誤差**（error）と呼んでいる。

　　　誤差 ＝ 製品の寸法 － 目標の値

すなわち，誤差とは「測定値から真の値を引いた値」と定義できる。

ここでの真の値とは，加工における目標値（図面上の理想的値）と考えられる。

図 5.2 に示すように誤差には**まちがい**（mistake），**系統誤差**（systematic error）および**偶然誤差**（random error）が存在する。この中には加工上の要因に加え，測定上の要因も含まれることになる。

1）**まちがい**　製作者が気付かずにおかしたまちがい。例えば，ハンドル

```
                ┌─ まちがい(mistake)
                │                              ┌─ 機械や測定器の固有誤差
誤差(error) ────┼─ 系統誤差(systematic error) ─┼─ 個人誤差
                │                              │                ┌─ 環境誤差
                │                              └─ 理論誤差 ─────┤
                │                                               └─ 力による誤差
                └─ 偶然誤差(random error)
```

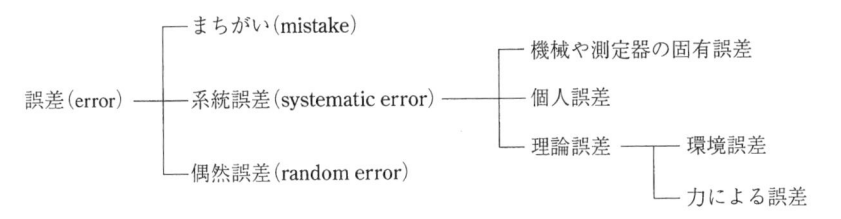

図 5.2　誤差の種類

目盛の読みまちがい，製作方法の誤り，測定のときの読みまちがいなど。この誤差は製作者の注意により，かなりの程度取り除くことができる。

2) **系統誤差**　測定結果にかたよりを与える原因によって生じる誤差。すなわち，測定を行うと必ず同じように生じる誤差。例えば，機械のねじ・歯車のピッチ誤差やもどり誤差，ハンドルの目盛誤差，目盛り合わせの際の製作者のくせによる誤差，温度変化による機械や工作物の伸縮による誤差，切削力による機械や工作物の弾性変形など。

3) **偶然誤差**　まちがいをなくし，系統誤差を補正調整しても，そのときどきで原因のわからない誤差が生じる。すなわち，突き止められない原因によって起こり，測定値のばらつきとなって現れる誤差。例えば，ごみ，振動のゆらぎなど。この誤差は規則的に変化するものではなく，プラス，マイナス側にランダムにばらつくことが多く，したがって，測定に関しては繰り返し測定してその平均値を求めると，かなりの程度除くことができる。(真の値を推定するには統計的手法を用いる。)

5.1.4　系統誤差を生じるおもな原因

誤差の中で，まちがい，偶然誤差は上記のように精度に影響を与えない程度に小さくすることが可能である。一方，系統誤差の要因はいろいろ存在するが，以下におもな原因を述べる。

〔*1*〕**計器誤差**　測定機器自体の性能に起因するもの。

〔*2*〕**環境誤差**　測定する環境に起因するもの。JIS Z 8703 において，測定を実施するうえでの環境について「標準状態を温度，気圧，湿度を組み合わせた状態」で示している。

1) 標準状態の温度は，試験の目的に応じて 20 ℃，23 ℃又は 25 ℃のいずれかとする。
2) 標準状態の湿度は，相対湿度 50 % 又は 65 % のいずれかとする。
3) 標準状態の気圧は，86 kPa 以上 106 kPa 以下とする。

加工分野における測定では，一般的に 20 ℃を標準温度として用いている。

そのため測定温度が20℃と異なる場合は，20℃の状態での値に補正する必要が出てくる．

温度変化による寸法の補正には以下の式が用いられる．

$$\Delta L = L \alpha \Delta T \tag{5.1}$$

ΔL：変化量　　　　　　　　ΔT：温度変化　$\Delta T = (T-20)$
L：温度変化前の被測定物の長さ　T：測定温度
α：熱膨張係数

補正を行う場合，被測定物のみに着目して測定値を補正するだけでは，誤った測定結果を導く可能性もある．これは測定を行った状態では，被測定物だけでなく，測定器自体の温度も20℃に保たれてない状態である可能性も残っているからである．すなわち，被測定物に加え，測定器自体の温度補正も検討する必要性がある．

Lを長さ，αを熱膨張係数，Tを温度として，添字Sは測定器，添字Wは被測定物，添字20は標準温度20℃の状態を示すとすると，温度変化を伴う場合，T_S〔℃〕における測定器（基準）の寸法L_Sは式（5.2）で示される．

$$L_S = L_{S20}\{1 + \alpha_S(T_S - 20)\} \tag{5.2}$$

また，T_W〔℃〕における被測定物の寸法L_Wは式（5.3）で示される．

$$L_W = L_{W20}\{1 + \alpha_W(T_W - 20)\} \tag{5.3}$$

T_S〔℃〕の測定器でT_W〔℃〕の被測定物を測定した結果（L_m：測定器の目盛の読み）は，L_WからT_S〔℃〕における測定器の伸びを引いて，式（5.4）で示される．

$$L_m = L_{W20}\{1 + \alpha_W(T_W - 20)\} - L_{S20}\alpha_S(T_S - 20) \tag{5.4}$$

よって，20℃における補正値L（通常は$L = L_{S20} = L_{W20}$とおいてもよい）は，式（5.5）で示される．

$$L = \frac{L_m}{1 + \alpha_W(T_W - 20) - \alpha_S(T_S - 20)} \tag{5.5}$$

被測定物と測定器との熱膨張係数が同一で，しかも被測定物および測定器の温度が同じであれば，測定結果を補正する必要がなくなることになる．

しかし，実際の測定では，熱膨張係数が異なる場合が一般的であり，補正を

表 5.1　各種材料の熱膨張係数

材　料	α　$10^{-6}/°C$	材　料	α　$10^{-6}/°C$
ベークライト	21～33	ニッケル	13.0
鉛	29.2	鉄	12.2
アルミニウム	23.8	炭素鋼	11.0
ジュラルミン（A 2017）	22.6	クロム鋼	10.0
銀	19.5	花崗鋼	8.3
銅	18.5	ガラス	8.1
黄銅	18.5	パイレックスガラス	3.3
りん青銅	17.0	アンバー（Ni 36 %）	0.9
ステンレス銅	16.4	石英ガラス	0.5
金	14.2	スーパーアンバー（Ni 31～33 %）	0.1

〔注〕 材料の組成によって若干異なることがある。

行う必要がある。代表的な材料の熱膨張係数を**表 5.1** に示す

　また，測定を行う室温が，被測定物と測定器の温度と異なる場合や，被測定物自体に温度分布が存在する場合もあり，精密測定時には注意が必要となる。その対策の一つである**ならし環境**（conditioning atmosphere）も重要となってくる。

　さらに，精密測定の場合は測定者による影響も考慮する必要がある。被測定物や測定器に直接触れることによる体温の影響や扉の開閉による外気の影響，温度管理上での許容範囲なども考慮されるべきである。

〔**3**〕　**測　定　力**　　測定力による弾性変形に起因するもの。被測定物を測定器で測る場合，多くは被測定物に直接接触させる場合が多い。一般的な加工現場において，特に測定力が問題となるとは考えていないようなノギスを用いた測定でも，精密に測定を行う場合は測定力が問題となってくる。測定力が存在するということは被測定物や測定器を変形させてしまう可能性があり，これにより誤差が生じることを示している。

　一般に測定力により，被測定物は圧縮される。その変形量はフックの法則に従うことになる。**図 5.3** のように円筒の長さを測定をする場合の変形量 δ はフックの法則より次式で表される。

$$\delta = \frac{PL}{AE}$$

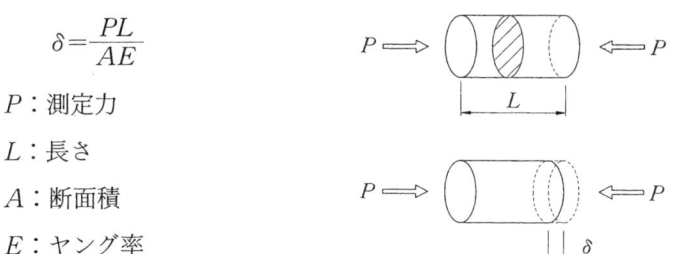

P：測定力
L：長さ
A：断面積
E：ヤング率

図 5.3　フックの法則

被測定面と測定子の材質，形状も問題となることがある。二つの面が曲面または一つの面が曲面でもう一方が平面である場合は，接触点で部分的な変形が生じる。通常の測定力における変形の場合は弾性変形内であり，この変形はヘルツの法則に従うことになる。図 5.4 に鋼材の場合を示す（単位はそれぞれ δ は μm，P は N，d と D は mm とする）。

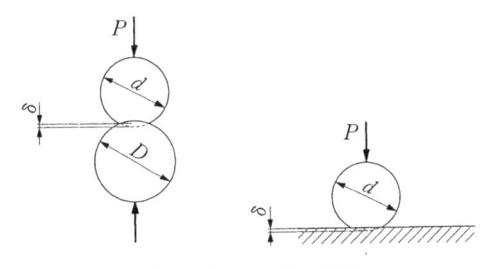

図 5.4　ヘルツの法則

球と球のとき

$$\delta = 0.41 \sqrt[3]{P^2 \left(\frac{1}{d} + \frac{1}{D}\right)}$$

球と平面のとき

$$\delta = 0.41 \sqrt[3]{\frac{P^2}{d}}$$

また，被測定物の変形だけではなく，測定器を構成する要素が測定力により変形する可能性も考慮しなければならない場合もある。例としてよく挙げられるのは，図 5.5 に示すダイヤルゲージスタンドである。スタンドの形状を見ると明らかに変形しやすい構造であることがわかる。

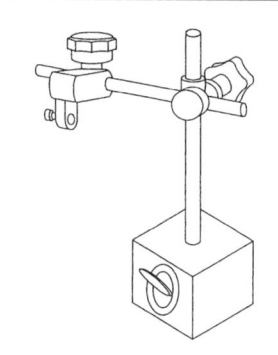

図 5.5　ダイヤルゲージスタンド

5.2　寸法・形状および表面粗さの精度表示と計測

5.2.1　寸法・形状精度の表示方法

　5.1節で述べたように，ものを作るときに誤差は避けられないものである。しかし，誤差があってもその目的を十分に果たし，ほとんど支障がない場合が少なくない。高精度に作るためには，一般に時間と費用がかさむ。そこで，ものの設計に当たっては，支障のない範囲の誤差を見極めて誤差の許容値を設定する。ものを作るには寸法だけではなく，その形状すなわち面の平面度や棒の真円度なども許容値を設定する。

　その基準となる値に対して許容される限界の値との差を**許容差**（limit deviation tolerance），規定された最大値と最小値との差を**公差**（tolerance）という。機械を設計・製造する場合，普通の加工方法でどの程度の精度でできあがるのかを知っておくことは重要である。それ以上誤差を許容しても利益をもたらさないし，それより厳しくすると費用がかさむことになるからである。**表5.2**に長さ寸法の**普通公差**（general tolerance）を示す。

　切削加工の場合，特に留意しなくても中級（記号 m で示す）の普通公差に加工できる。短い寸法であれば小さい公差でも作りやすいが，長い寸法では公差を大きく許容しなければ製作が困難である。基準寸法に対して，許容差はm級でおよそ $\pm\sqrt[3]{X}/10$ の関係になっている。しかし，設計上，高精度を要す

5.2 寸法・形状および表面粗さの精度表示と計測

表 5.2　長さ寸法の普通公差　　(単位：mm)

公差等級		基準寸法の区分							
記号	説明	0.5以上 3以下	3を超え 6以下	6を超え 30以下	30を超え 120以下	120を超え 400以下	400を超え 1000以下	1000を超え 2000以下	2000を超え 4000以下
		許　容　差							
f	精級	±0.05	±0.05	±0.1	±0.15	±0.2	±0.3	±0.5	—
m	中級	±0.1	±0.1	±0.2	±0.3	±0.5	±0.8	±1.2	±2
c	粗級	±0.2	±0.3	±0.5	±0.8	±1.2	±2	±3	±4
v	極粗級	—	±0.5	±1	±1.5	±2.5	±4	±6	±8

〔注〕0.5 mm 未満の基準寸法に対しては，その基準寸法に続けて許容差を個々に指示する。

表 5.3　公差等級 IT の数値

基準寸法 〔mm〕		公差等級																
を越え	以下	IT1	IT2	IT3	IT4	IT5	IT6	IT7	IT8	IT9	IT10	IT11	IT12	IT13	IT14	IT15	IT16	IT17	IT18
		公　差																	
		〔μm〕											〔mm〕						
—	3	0.8	1.2	2	3	4	6	10	14	25	40	60	0.1	0.14	0.25	0.4	0.6	1	1.4
3	6	1	1.5	2.5	4	5	8	12	18	30	48	75	0.12	0.18	0.3	0.48	0.75	1.2	1.8
6	10	1	1.5	2.5	4	6	9	15	22	36	58	90	0.15	0.22	0.36	0.58	0.9	1.5	2.2
10	18	1.2	2	3	5	8	11	18	27	43	70	110	0.18	0.27	0.43	0.7	1.1	1.8	2.7
18	30	1.5	2.5	4	6	9	13	21	33	52	84	130	0.21	0.33	0.52	0.84	1.3	2.1	3.3
30	50	1.5	2.5	4	7	11	16	25	39	62	100	160	0.25	0.39	0.62	1	1.6	2.5	3.9
50	80	2	3	5	8	13	19	30	46	74	120	190	0.3	0.46	0.74	1.2	1.9	3	4.6
80	120	2.5	4	6	10	15	22	35	54	87	140	220	0.35	0.54	0.87	1.4	2.2	3.5	5.4
120	180	3.5	5	8	12	18	25	40	63	100	160	250	0.4	0.63	1	1.6	2.5	4	6.3
180	250	4.5	7	10	14	20	29	46	72	115	185	290	0.46	0.72	1.15	1.85	2.9	4.6	7.2
250	315	6	8	12	16	23	32	52	81	130	210	320	0.52	0.81	1.3	2.1	3.2	5.2	8.1
315	400	7	9	13	18	25	36	57	89	140	230	360	0.57	0.89	1.4	2.3	3.6	5.7	8.9
400	500	8	10	15	20	27	40	63	97	155	250	400	0.63	0.97	1.55	2.5	4	6.3	9.7
500	630	9	11	16	22	32	44	70	110	175	280	440	0.7	1.1	1.75	2.8	4.4	7	11
630	800	10	13	18	25	36	50	80	125	200	320	500	0.8	1.25	2	3.2	5	8	12.5
800	1000	11	15	21	28	40	56	90	140	230	360	560	0.9	1.4	2.3	3.6	5.6	9	14
1000	1250	13	18	24	33	47	66	105	165	260	420	660	1.05	1.65	2.6	4.2	6.6	10.5	16.5
1250	1600	15	21	29	39	55	78	125	195	310	500	780	1.25	1.95	3.1	5	7.8	12.5	19.5
1600	2000	18	25	35	46	65	92	150	230	370	600	920	1.5	2.3	3.7	6	9.2	15	23
2000	2500	22	30	41	55	78	110	175	280	440	700	1100	1.75	2.8	4.4	7	11	17.5	28
2500	3150	26	36	50	68	96	135	210	330	540	860	1350	2.1	3.3	5.4	8.6	13.5	21	33

る部分は厳しい公差を求められる。製造技術者は全力を挙げて要求の公差を満たし,かつ低費用で加工する技術を確立する必要がある。**表5.3**に国際規格であるISOによる**公差等級**(standard tolerance grade) **IT** (international tolerance) の数値を示す。

また,ものの形状や姿勢および位置の偏差や振れを**幾何偏差**(geometrical-deviation) というが,その幾何偏差の許容値を**幾何公差**(geometrical tolerance) という。**表5.4**に幾何偏差の種類と定義および公差として指示するときの記号を示す。

ここで,**データム**とは関連形体に設定した理論的に正確な幾何学的基準をいう。具体的には,実際の測定物の形体(データム形体という)には誤差があるので,定盤や軸受,マンドレルなど高精度な形状のもの(実用データム形体という)との接触面で表す(**図5.6**)。

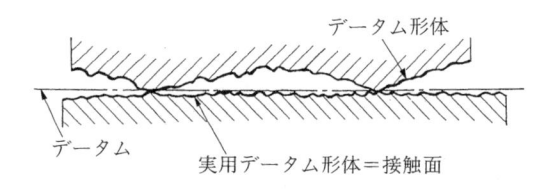

図 5.6 データムの定義
(JIS B 0022 より)

また,幾何偏差を決定する場合の基本的考えとして,最小領域法がある。最小領域法とは,幾何学的に正しい平行な二つの直線や平面,または二つの同心円で挟んだ場合,その距離または半径差が最小となるようなときの値を用いて偏差を表す方法と定義されている(**図5.7**)。

図5.8に公差記入枠への記入例,**図5.9**に具体的指示方法の例を示す。

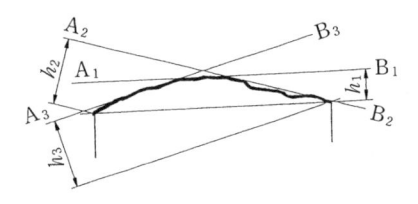

間隔の大小関係:$h_1 < h_2 < h_3$
最小領域法においてとるべき値:h_1

図 5.7 最小領域法

5.2 寸法・形状および表面粗さの精度表示と計測

表 5.4 幾何偏差の種類と定義および幾何特性に用いる記号

偏差の種類	定義		説明図	偏差の値	記号
真直度	直角形体の幾何学的直線からの狂いの大きさ	一定方向（水平方向）		両平面の間隔 f	―
		直角二方向		直方体の二辺の長さ f_1, f_2	
		方向を定めない場合		円筒の直径 f	
		表面の要素		両直線の間隔 f	
平面度	平面形体の幾何学的平面からの狂いの大きさ			両平面の間隔 f	▱
真円度	円形形体の幾何学的円からの狂いの大きさ			両円の半径の差 f	○
円筒度	円筒形体の幾何学的円筒からの狂いの大きさ			両円筒の半径の差 f	⌭
線（または面）の輪郭度	理論的に正確な寸法によって定められた幾何学的輪郭からの線（または面）の輪郭の狂いの大きさ			包絡線の間隔（円の直径）f	線 ⌒ 面 ⌓

表 5.4 （つづき）

偏差の種類	定義	説明図	偏差の値	記号
平行度	データム直線（または平面）に平行な幾何学的直線（または平面）からの狂いの大きさ		両平面の間隔 f	∥
直角度	データム直線（または平面）に直角な幾何学的直線（または平面）からの狂いの大きさ		両平面の間隔 f	⊥
傾斜度	データム直線（または平面）に対して理論的に正確な角度を持つ幾何学的直線（または平面）からの狂いの大きさ		両平面の間隔 f	∠
位置度	理論的に正確な位置からの点，直線，または平面の狂いの大きさ		直方体の二辺の長さ f_1, f_2	⊕
同軸度および同心度	データム軸直線からの狂いの大きさ		円筒の直径 f	◎
対称度	データム軸直線（または中心平面）に対して対称位置からの狂いの大きさ		両平面の間隔 f	⚌
円周振れ	対象物をデータム軸直線の周りに回転したとき，その表面の指定した位置で指定した方向への変位の大きさ		両円の半径の差 f	↗
全振れ	対象物をデータム軸直線の周りに回転したとき，その表面の指定した方向への変位の大きさ		両円筒の半径の差 f	↗↗

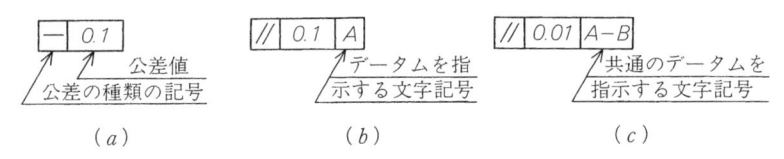

5.2 寸法・形状および表面粗さの精度表示と計測　　153

(a) 公差の種類の記号 / 公差値
(b) データを指示する文字記号
(c) 共通のデータを指示する文字記号

図 5.8　公差記入枠への記入例

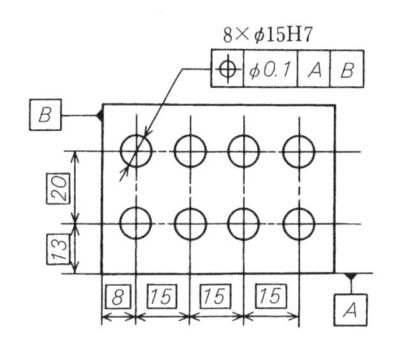

(a) 理論的に正確な寸法は，公差を付けず長方形の枠で囲んで示す。
実際の穴の枠線は，データム平面A，Bに対し，理論的に正確な位置にある0.1の円筒公差域の中になければならない。

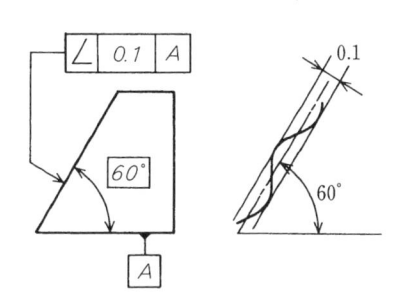

(b) 実際の表面は，0.1だけ離れデータム軸直線Aに対して理論的に正確な60°傾いた平行二平面の間になければならない。

(c) 指示された円筒部の軸線は共通データム直線A-Bに同軸の直径0.08の円筒公差域内になければならない。

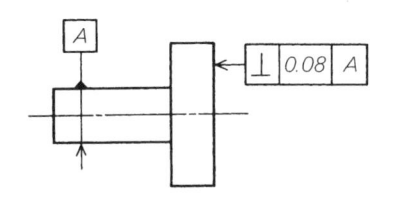

(d) 指示された表面は0.08だけ離れ，データム軸直線Aに対し，直角な平行二平面の間になければならない。

図 5.9　幾何公差の指示方法例

5.2.2 長さの測定

長さの基準は真空中を光が伝わる行程の長さにより定義されている。すなわち，光速基準である。しかし，この基準は実用的ではないため，その基準をもとにメートル原器などが定められている。機械測定においては，長さの実用的測定基準として線度器と端度器が挙げられる。

〔**1**〕 **線 度 器** 線度器の代表的なものには尺がある。基準としてはJIS B 7541で定められた，**標準尺**（standard scale）の目盛を用いる。標準尺は，精度により01級，0級，1級，2級および3級がある。材質は金属製およびガラス製の2種類があり，熱膨張係数は原則として $(11.5±1.5)×10^{-6}/℃$ の範囲にあるものを用いている。図 **5.10** に示すように，断面形状はH形，丸平形，長方形などがある。一般に高精度の測定にはH形が使用されている。通常，目盛は1mm間隔であり，0.5mmのものもある。

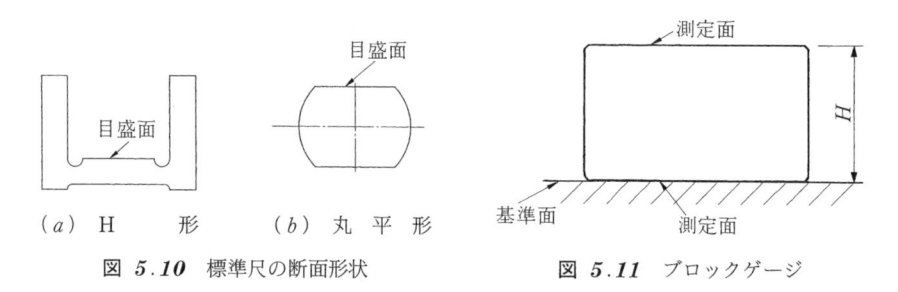

(*a*) H 形 (*b*) 丸 平 形

図 **5.10** 標準尺の断面形状

図 **5.11** ブロックゲージ

〔**2**〕 **端 度 器** 端度器の代表としては図 **5.11** に示すブロックゲージが挙げられる。基準としては，JIS B 7506で定められた**ブロックゲージ**（gauge block）の二つの測定面間距離を用いる。ブロックゲージは，呼び寸法0.5mm以上1000mm以下の長方形断面を持ち，平行な二つの測定面間の距離が正確に作られている。リンギングにより複数個のブロックゲージを結合させ，任意の寸法にすることができる。ブロックゲージはK級，0級，1級，2級に分けられる。加工現場では普通2級が用いられる。長さ50mmのブロックゲージの寸法公差は2級で1μm，1級で0.5μm，0級で0.25μmである。K級は各ブロックゲージ内の許容寸法偏差が小さい。

5.2.3 長さの測定器

〔1〕 ノ ギ ス　ノギス（vernier caliper）は，本尺とバーニヤ（副尺）により長さを測定するものである（図 5.12）。加工現場において，最も多用されている測定器である。バーニヤにより 0.05 mm まで読み取れる。

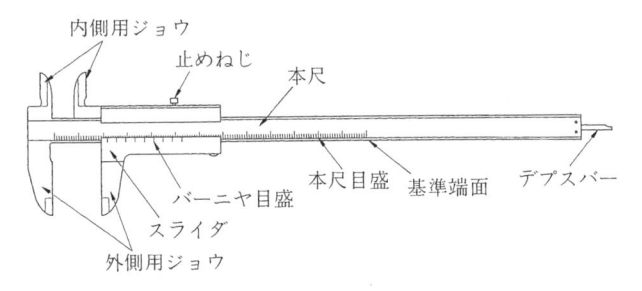

図 5.12　ノ ギ ス

〔2〕 マイクロメータ　マイクロメータ（micrometer caliper）は，ねじの送り量を基準として長さを測定するものである（図 5.13）。測定力を一定にするラチェットストップの機構が付いている。現場における精密測定に用いられている。

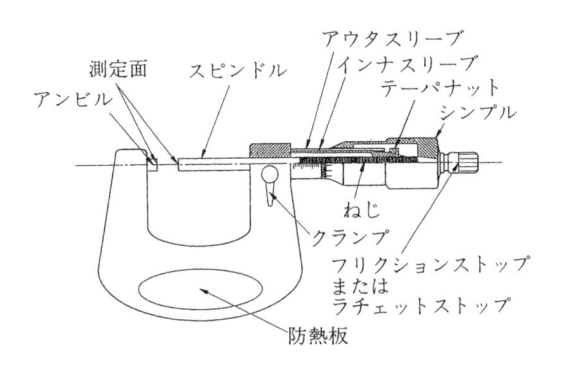

図 5.13　マイクロメータ

測定力は 5～15 N 程度である。目盛は約 100 倍に拡大され，0.001 mm まで読むことができるが，精度は数 μm である。正確な測定をするためには，ブロックゲージで検定をし，目盛を調整してから用いる。外側，内側および歯

厚マイクロメータがある。

〔3〕 **ダイヤルゲージ**　ダイヤルゲージ（dial gauge）は測定スピンドルの上下運動の変位量を歯車により回転角に変換し，指針の振れで変移量を示すものである（**図 5.14**）。比較測定器として多用されている。測定力は 0.5〜1.5 N で，つねに被測定物を押しているので，比較測定に便利である。指針先の目盛は 100 倍に拡大され見やすい。

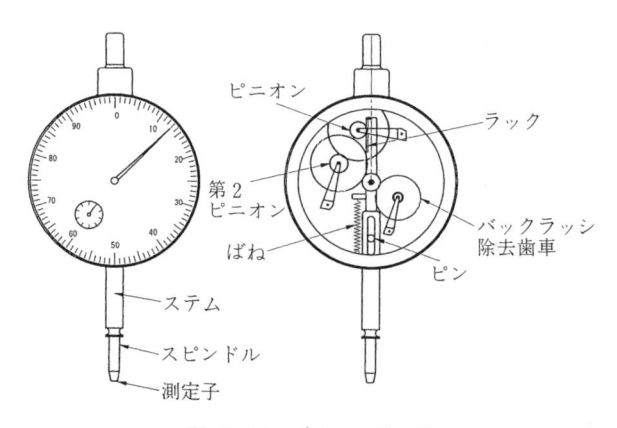

図 5.14　ダイヤルゲージ

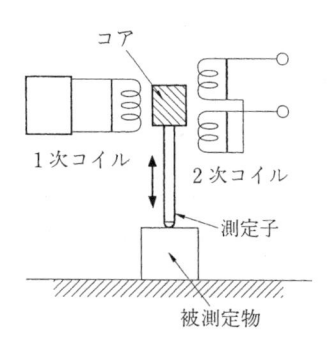

〔4〕 **電気マイクロメータ**　電気マイクロメータ（electrical comparator）は，接触式測定子を持つ検出器を用いて，微小変位量を電気量に変換し，電気的に増幅して表示する比較測定器である（**図 5.15**）。目量を 0.1〜20 μm 程度まで数段に変えることができるが，測定範囲は 10〜20 目盛程度で少ない。測定力は 0.5 N 内外である。

図 5.15　電気マイクロメータ

電気誘導式のものは，1次コイル，2次コイルおよびコアから構成されている差動変圧器が用いられている。コアと一体になっている測定子の変位量に応じてコアの位置が変化し，出力電圧が変化する。

〔5〕 **流量式空気マイクロメータ** 流量式空気マイクロメータ（flow type air gauge）は，ノズルと被測定物の微小なすきまの変位を，測定ヘッドから出る空気量に変換し，テーパ管内のフロートによって拡大表示する比較測定器である（図5.16）。すきまの微小なある範囲では，すきまの変化と空気量に直線関係があることを利用している。

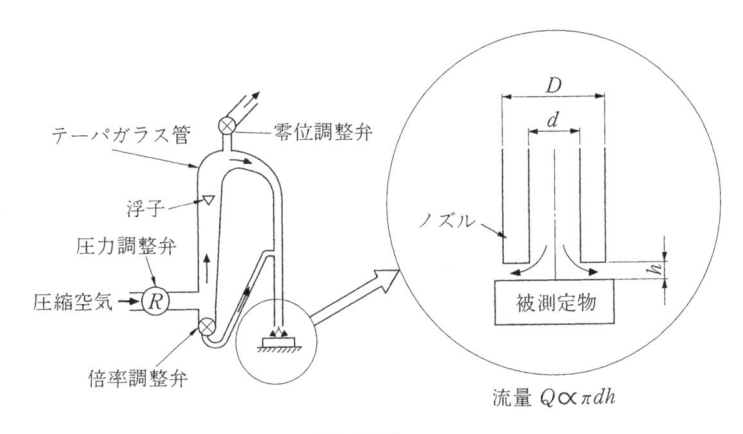

図 5.16 流量式空気マイクロメータ

空気を介した非接触形であり，高精度であるので，空気圧を電気信号に変換し，大量生産行程での自動測定にも応用されている。

〔6〕 **ディジタルスケール** ディジタルスケール（digital position readout）は，一定ピッチの目盛を持つ直線スケールを基準にして，移動量，変位量をディジタル量として検出する装置である（図5.17）。数値制御工作機械に組込まれて使われている。誤差の許容値によって，五つの級が規定されている。

〔7〕 **光波干渉測長器** 光波干渉測長器（measuring machine by the interferometric method）は，光波の干渉を利用し，変位量を測定するものである。二つの光が重ね合わされると，しまが観察されるが，二つの光の位相が

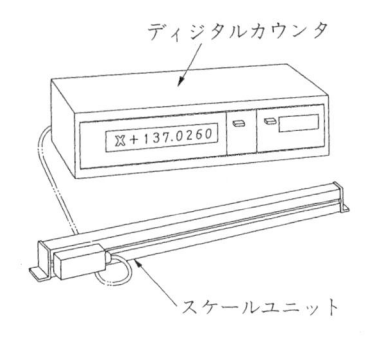

図 5.17 ディジタルスケール

そろっている場合は，たがいに強め合い，干渉しまが明るくなる．一方，位相が π だけ異なっている場合は干渉しまが暗くなる．この位相差は光の行程距離に依存しているため，干渉しまの観察により，微小な距離の変化を測定できることになる（長さが光の半波長分だけ異なるごとに干渉しまは明暗を繰り返すことになる）．

（a） マイケルソンの干渉計の原理 マイケルソンの干渉計は，光源，ターゲット上に設置された反射鏡，固定台に設置された反射鏡，ビームスプリッタにより構成されている（図 5.18）．

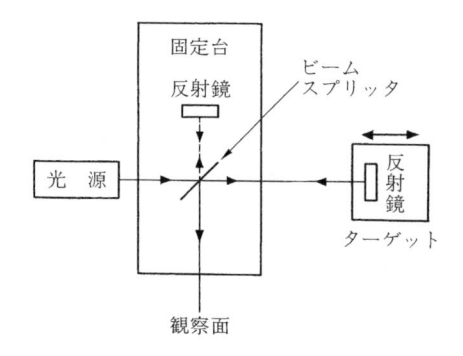

図 5.18 マイケルソン形干渉計の原理

光はビームスプリッタでターゲット方向と固定台に設置された反射鏡の方向へ分割される．ターゲット方向への光はターゲット上の反射鏡で反射され，再びビームスプリッタへ戻ってくる．もう一方の光は固定台の反射鏡において反射され，同じくビームスプリッタへ戻り，再び重ね合わされて，観察面へ到達する．このとき二つのビームに光路差が存在すると位相がずれ，観察面の明る

さが変化する．すなわち，ターゲットの変位を測定することができる．ただし，方向判別には別途工夫が必要である．

（**b**）**レーザ干渉測長器**　ターゲット上に反射鏡を設置する方法では，ターゲットの姿勢（傾き）の変化が発生した場合，姿勢の変化にも影響を受けることになり，測定が不可能になる．そのため，反射鏡の代わりにコーナキューブプリズム（このプリズムは傾きがあっても反射光は入射光と平行に反射される性質を持っている）を用いるのが一般的である．また，光源には He-Ne レーザが用いられることが多い．

5.2.4　角度の測定

角度の標準として，多面鏡が JIS B 7432 で規定されている．

〔**1**〕**多面鏡**　多面鏡（optical polygon）は，図 **5.19** に示すような正多角柱のすべての側面を反射面とする反射鏡のことである．反射面の数が 8（中心角 45°）または 12（中心角 30°）のものが一般的である．

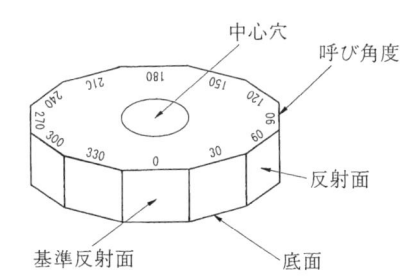

図 5.19　多面鏡

〔**2**〕**角度ゲージ**　ブロックゲージと同様に単独で用いるか，2 個または複数のゲージをリンギングして任意の角度を設定する．Johansson 式と N.P.L 式がある．

〔**3**〕**サインバー**　サインバー（sine bar）（JIS B 7523）は測定面を有する本体と，本体の切り欠き部に接する（径の等しい）2 個のローラにより形成されている（図 **5.20**）．サインバーは定盤（基準面）およびブロックゲージを用い，ブロックゲージの寸法を変えることにより任意の角度を設定することができる．

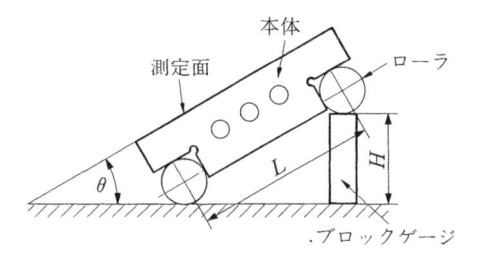

図 5.20 サインバー

〔4〕 **精密水準器** 精密水準器 (precision level) は精密な気泡管を用いて，その気泡の変位を気泡管上の目盛で直接読み取ることによって，微小な傾斜を測定する指示計器である．精密水準器の感度は，気泡を一目盛分だけ偏位させるために必要な傾斜を，底辺1mに対する高さまたは角度で表す (図 5.21)．

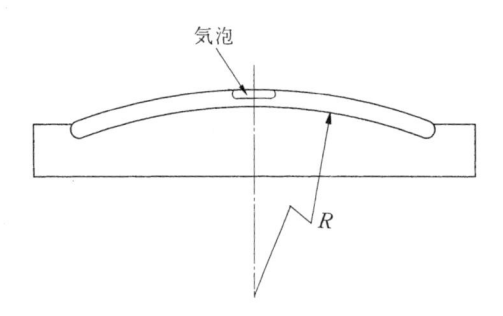

図 5.21 精密水準器の原理

〔5〕 **オートコリメータ** オートコリメータ (autocollimator) は光源，目盛板，焦点鏡，プリズム，対物レンズにより構成されている (図 5.22)．

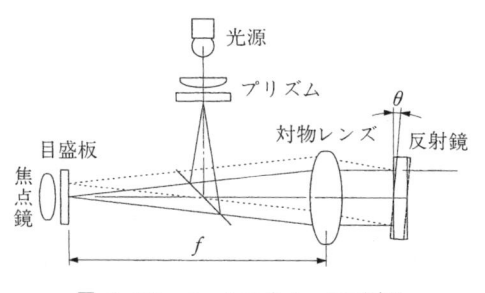

図 5.22 オートコリメータの原理

光源から発生した光は，プリズムおよび対物レンズを介して平行光となり，光軸に垂直に設置されたターゲットである反射鏡で反射する。このとき反射鏡が傾いていない場合は入射光と平行に戻り，焦点距離 f の位置にある目盛板の光軸上に到達する。反射鏡が θ だけ傾いた場合は，目盛板上で $2f\theta$ だけ偏位することになる。その変位量を測定することにより，傾き角 θ が求められることになる。

〔6〕 **ロータリエンコーダ** ロータリエンコーダ（rotary encoder）は回転角度の検出に用いられるものであり，ディジタル方式での測定となる。出力方式はインクレメンタル方式とアブソリュート方式がある。

インクレメンタル方式は，回転角度を一定の角度だけ回転すると発生するパルス信号をカウントすることにより，回転角度を求めることができる方式である。アブソリュート方式は，絶対位置が検出できるタイプで，原点に対する角度を直接求めることができる方式である。

検出機構としては光電シャッタ式が一般的である。光電シャッタ式ロータリエンコーダの基本的構成は，光学式スリット円板（メインスケールおよびインデックススケール）をはさんで，発光ダイオードと受光素子があり，円板が回転することにより発光ダイオードから発生している光がスリット部を通過し，受光素子により感知される機構となっている（図 **5.23**）。

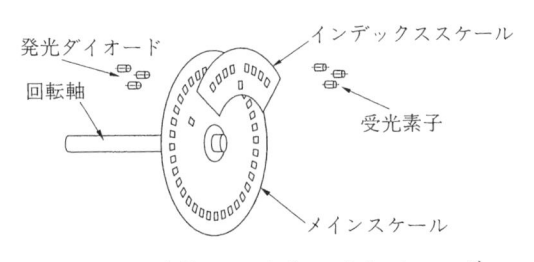

図 **5.23** 光電シャッタ式ロータリエンコーダ

5.2.5 形状の測定

形状精度の測定項目，定義，および偏差の値の取り方は，前述の**表 5.4** に示している。

各項目の測定方法について，以下に述べる。

〔1〕 真直度，平面度の測定　　真直度は，直線形体が占める領域の大きさによって，「真直度〇〇 mm または〇〇 μm」と表示する。

平面度は，平面形体を幾何学的平行二平面で挟んだとき，平行二平面の間隔が最小になる場合の二平面の間隔で表し，「平面度〇〇 mm または〇〇 μm」と表示する。

真直度と平面度は比較対象が直線か平面であるかの違いであり，ある基準の直線（平面）に対して，被測定物の偏差を比較測定することになる。

基準（実用データム）として，定盤が用いられることが多い（図 5.24）。この基準（定盤）上に測定物を置き，測定器を基準上で移動させることにより，測定子の上下運動の変位を観察し，値の変化を記録することで，基準に対する狂いの大きさが求められる（図 5.25）。

精密水準器およびオートコリメータは，角度の測定が行える測定器である。これらを用いて2点間の高さの差を傾斜角として表し，この傾斜角を測定しながら，被測定物上を移動させることにより，連鎖的に真直度を求めていく方法

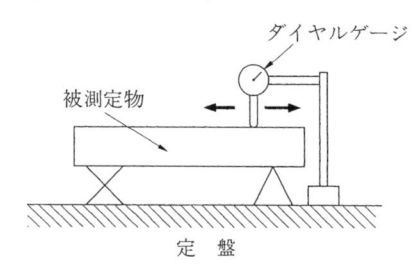

図 5.24　定盤を用いた真直度の測定

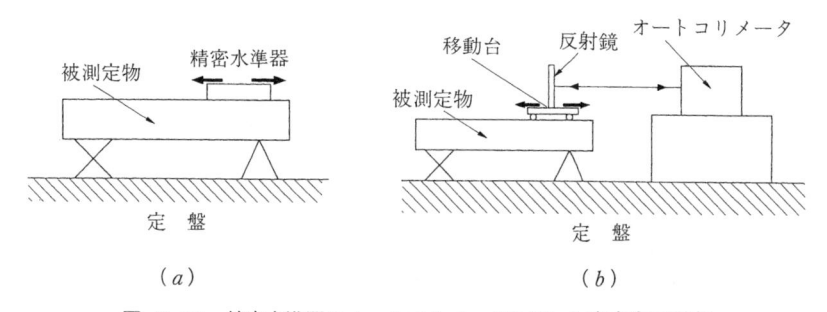

(a)　(b)

図 5.25　精密水準器やオートコリメータを用いた真直度の測定

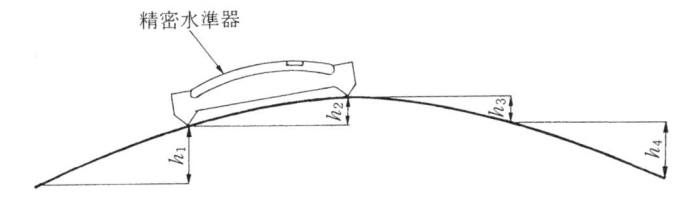

図 5.26 2点連鎖法による真直度の測定方法

もある（図 **5.26**）。

平面度は真直度の測定をその測定方向に直角な方向にも移動させて求める。比較的小さい鏡面の平面度測定には，**オプチカルフラット**が用いられる（図 **5.27**）。これは平らな測定面を持つ透明なガラスで作られ，測定面と平面なガラス面から反射する光の干渉による干渉しまを観察することにより，平面度を測定することができる。

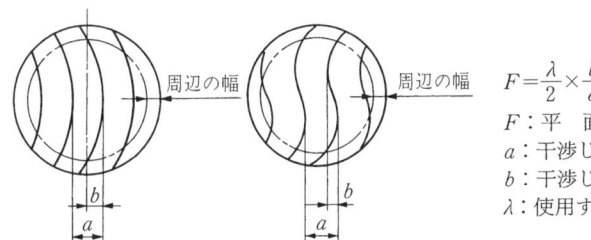

$$F = \frac{\lambda}{2} \times \frac{b}{a}$$

F：平　面　度〔μm〕
a：干渉じまの中心間隔〔mm〕
b：干渉じまの曲り量〔mm〕
λ：使用する光の波長〔μm〕

図 5.27 オプチカルフラットによる平面度の測定方法

〔2〕 **真円度，円筒度の測定**　　真円度は，円形形体を二つの同心円の幾何学的円で挟んだとき，同心円の間隔が最小になる場合の二円の半径差で表し，「真円度○○ mm または○○ μm」と表示する。

円筒度は，円筒形体を二つの同軸の幾何学的円筒で挟んだとき，同軸円筒の間隔が最小になる場合の二円筒の半径差で表し，「円筒度○○ mm または○○ μm」と表示する。

真円度と円筒度は比較対象が円であるか円筒であるかの違いである。ある基準の円（円筒）に対して，被測定物との偏差を測定することにより求める。

真円度測定器を図 **5.28** に示す。真円度は，真円度測定器の回転テーブル

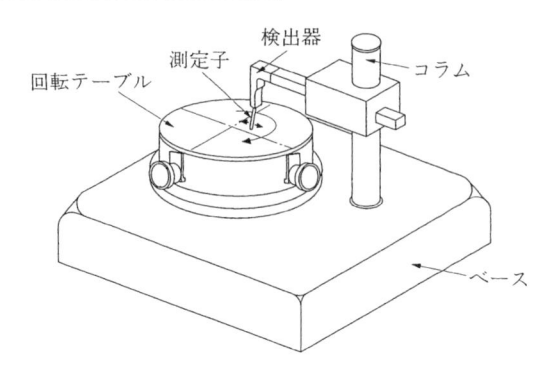

図 5.28　真円度測定器

上に被測定物をセットし，テーブルを一定速度で回転させながら，測定子を被測定物に接触させ，測定物の半径方向の出入りを全円周上で測定することによって求まる。

測定結果から真円度を求める場合，最小領域中心法（図 5.29（a））のほかに，内接円中心法，外接円中心法（図（b）），最小二乗中心法（図（c））がある。

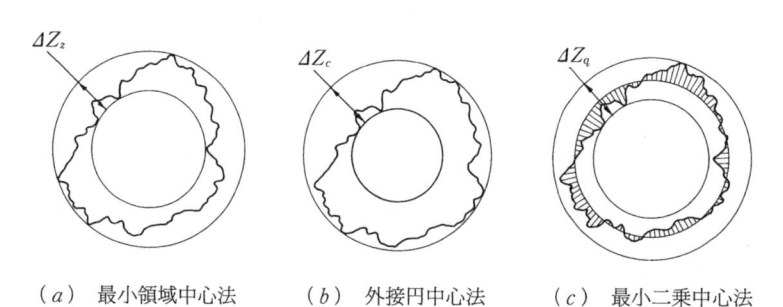

（a）最小領域中心法　　（b）外接円中心法　　（c）最小二乗中心法
図 5.29　真円度測定における偏差のとり方

円筒度は真円度の測定を一定間隔で測定し，その図形を重ね合わせ，最小領域法により求めることができる。ただし，測定物の軸線と測定物の移動軸が平行でなければならない。

〔3〕 **輪郭度の測定**　　輪郭度は，理論的に正確な寸法によって定められた幾何学的輪郭線上に中心を持つ同一直径の幾何学的円の二つの包絡線で，その

5.2 寸法・形状および表面粗さの精度表示と計測

線の輪郭を挟んだときの包絡線の間隔で表し,「輪郭度〇〇 mm または〇〇 μm」と表示する。

輪郭度測定の基準として,テンプレートが用いられる。テンプレートと被測定物とを合わせ,そのすきまを測定することにより求める方法や,定盤およびダイヤルゲージを用いて測定する方法などがある(**図 5.30**)。

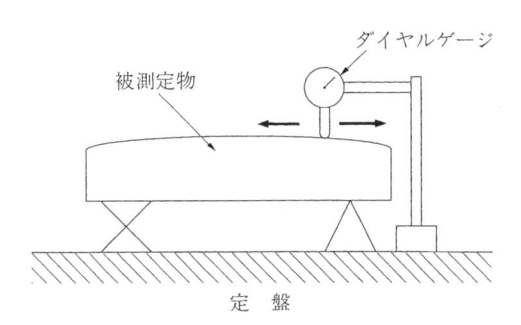

図 5.30 輪郭度の測定

〔**4**〕 **平行度の測定**　平行度は,直線形体または平面形体がデータム直線またはデータム平面に対して垂直な方向において占める領域の大きさによって表し,「平行度〇〇 mm または〇〇 μm」と表示する。

被測定物を定盤(基準面)に載せて,一方の線(面)を基準面に密着させ,他方の線(面)をダイヤルゲージにより測定し,その変位により求める方法(**図 5.31**)や水準器などの角度測定器を用いて測定する方法などがある。

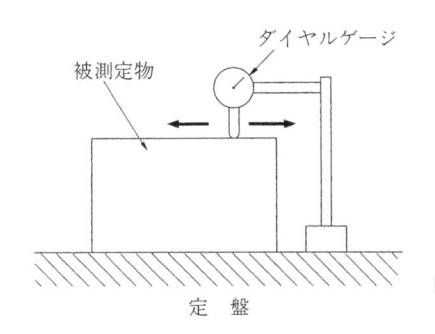

図 5.31 平行度の測定

〔**5**〕 **直角度の測定**　直角度は,直線形体または平面形体がデータム直線またはデータム平面に対して平行な方向において占める領域の大きさによって表し,「直角度〇〇 mm または〇〇 μm」と表示する。

166 5. 機械加工における計測

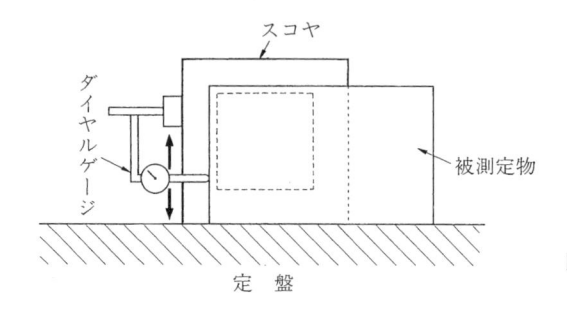

図 5.32 直角度の測定

測定方法は基本的には平行度の要領と同じである（図 5.32）。直角の基準としては，溝付ます形ブロック，円筒スコヤ，直角定盤などがある。

〔6〕 **3次元測定機による形状測定**　3次元測定機は，複雑な形状を一つの測定器で測定するために開発されたものである（図 5.33）。3次元測定機のテーブルの上に，被測定物を設置するだけで，取付けを替えることなしに，上面および四つの側面における形状を高精度に，かつ短時間に測定できる。各位置の測定はタッチセンサが接触によって行い，即座にディジタル表示によって値がわかる。CNC制御のものは，全自動で測定が行なわれ，結果もプログラムによってグラフ表示したり，公差値をあらかじめ入力しておくことで合否の判定まで自動計算することができる。

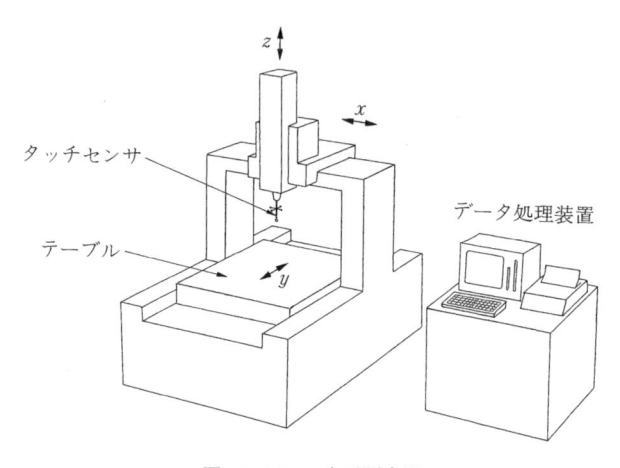

図 5.33　3次元測定器

3次元測定機の基本的な構造は，図 5.33 に示すように，センサと被測定物の相対運動が，直交する x, y, z の3軸方向に正確にできるようになっている。各軸方向の移動位置を内蔵しているスケールで読み取り，各軸の位置表示を行うのである。

5.2.6 面 の 肌

機械部品の面の肌の状態は外見の良否だけでなく，他部品との接触面摩耗，流体の抵抗などに大きな影響を及ぼす。必要に応じて表面の凹凸を小さく加工することも精密加工に属する。

表面の状態の表し方は JIS B 0601 でつぎの項目が示されている。

- 断面曲線（surface profile）：対象面に直角な平面で対象面を切断したときに，その切り口に現れる輪郭。
- 粗さ曲線（roughness profile）：断面曲線から所定の波長より長い表面うねりの成分を除去した曲線。

表面粗さの表示方法には，算術平均粗さ（Ra），最大高さ粗さ（Rz），平均長さ（RSm），および負荷長さ率（$Rmr(c)$）などが規定されている。算術平均粗さは電気的な触針式粗さ測定器によって直接簡単に求められるので，一般に広く採用されている。

図 5.34 は加工表面の拡大図の例である。このような面を表面に対して垂

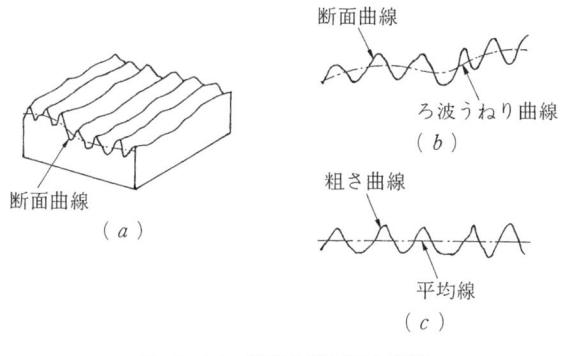

図 5.34 断面曲線と粗さ曲線

直に切断した切り口の輪郭を断面曲線という（図（a））。断面曲線から所定の波長より長い表面うねりの成分（図（b））を除いた曲線を粗さ曲線という（図（c））。

〔**1**〕 **算術平均粗さ**　算術平均粗さ（arithmetical mean deviation of the profile, Ra）とは，粗さ曲線から基準長さを抜き取り，平均線から縦方向の距離の算術平均値である（図 **5.35**）。ここで，平均線とは断面曲線の抜き取り部分におけるろ波うねり曲線を直線に置き換えた線をいう。算術平均粗さは，次式で表される。

$$Ra = \frac{1}{l}\int_0^l |f(x)|\,dx$$

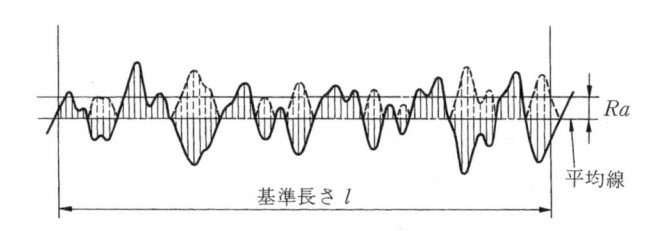

図 **5.35**　算術平均粗さ

粗さ曲線の中で傷や付着物など極端に深い箇所や高い箇所があっても測定値に与える影響が少なく，電気的な触針式粗さ測定器によって直接簡単に求められるので，一般に広く採用されている。実際の凹凸の高さはこの3～5倍になる。

〔**2**〕 **最大高さ粗さ**　最大高さ粗さ（maximum height of the profile, Rz）とは，山頂線と谷底線との間隔を粗さ曲線の縦方向に測定し，この値をμm単位で表したものである（図 **5.36**）。凹凸の高さを直接表しているので，

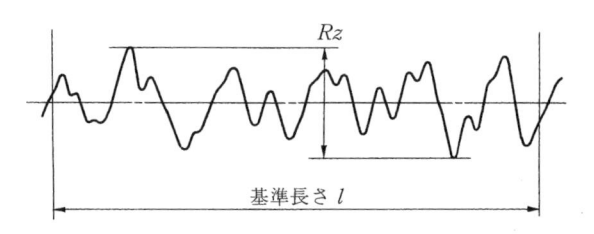

図 **5.36**　最大高さ粗さ

測定値から粗さの大きさの感覚をつかみやすい利点がある。

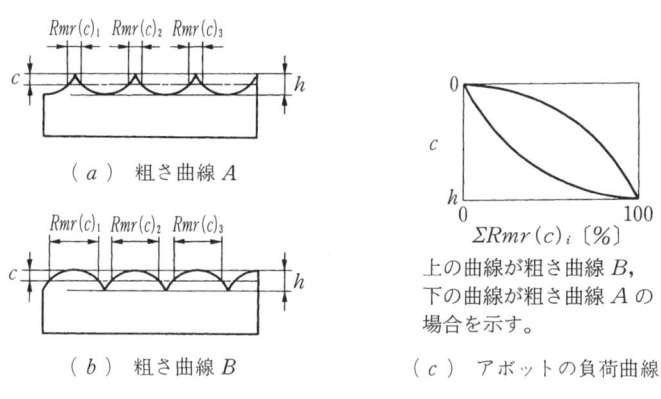

〔3〕**粗さ曲線の負荷長さ率**　粗さ曲線の負荷長さ率（profile bearing length ratio, $Rmr(c)$）とは，基準長さの粗さ曲線を平均線に平行で山頂より切断レベル c の位置で切断したときの，その切断長さの総和の基準長さに対する比を百分率で表したものである（図 5.37）。$Rmr(c)$ を横軸に，c を縦軸にとった図（c）の曲線をアボットの負荷曲線という。

(a) 粗さ曲線 A

(b) 粗さ曲線 B

(c) アボットの負荷曲線

上の曲線が粗さ曲線 B，下の曲線が粗さ曲線 A の場合を示す。

図 5.37　粗さ曲線の負荷長さ率

この曲線は摩耗により，表面が平滑化されていく場合における接触面の増加の状態を示す。

例えば図に示すように，図（a），（b）では粗さの値は同じであるが，接触面での真の接触部で受ける局部圧力は，大きく異なる。図（a）は，接触面積が小さく接触局部の圧力はみかけの圧力より大幅に高くなり，潤滑に支障が出る。それに対して図（b）は広い面で接触し，狭い谷の部分は潤滑剤の滞留に役立ち，摩耗が少ない。

5.2.7　表面粗さの測定

加工面の形状は，寸法，形状偏差，表面うねりおよび表面粗さから形成されている。表面粗さは表面の微小な凹凸の状態を表す指標として用いられている。表面粗さの測定方法を大別すると，目視判別法，接触式測定法，非接触式

測定法に分けられる。

〔**1**〕 **目視判別法** 比較用表面粗さ標準片を用いて，加工面の表面粗さを触覚や視覚によって比較測定を行う方法である。

〔**2**〕 **接触式測定法** 測定子を被測定物に直接接触させることで，測定面の凹凸を測定子が倣って上下方向変位量としてとらえる。その変位量に対応する出力信号を増幅し（差動増幅器），連続的に測定子を移動させながら測定することにより，断面形状および粗さ形状を表示する方法である。表面粗さの測定には，おもにこの接触式が用いられる。

接触式の代表として，**図 5.38** に示す触針式表面粗さ測定器が挙げられる。これは，ダイヤモンドの触針を測定子とした測定器である。この測定方法は，触針の先端径の大きさが重要な因子となる。通常は 10 μm 以下の径の触針を用いている。測定断面曲線から表面粗さ，うねりパラメータを評価する装置が付いているものもある。

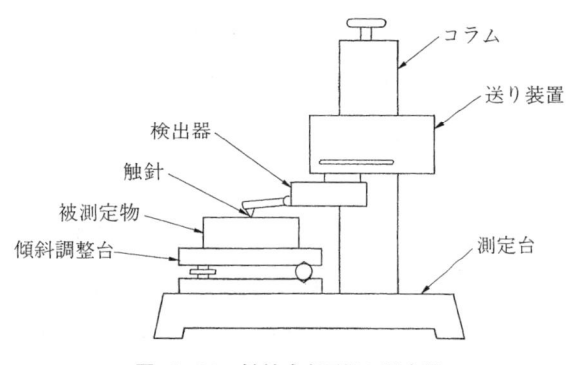

図 5.38 触針式表面粗さ測定器

〔**3**〕 **非接触式測定法** 測定表面には直接接触させずに測定を行う方式で，光学的方法と電気的方法がある。

光学的方法には，光切断法，反射光分布を用いた方法，光触針法，光波干渉法などがある。電気的方法には，電気容量法がある。**図 5.39** に光干渉式表面粗さ測定器の原理例を示す。

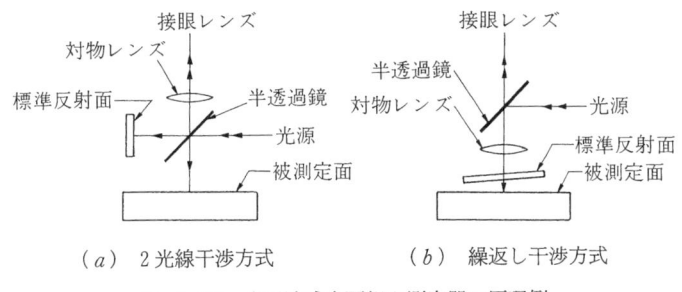

(a) 2光線干渉方式　　　(b) 繰返し干渉方式

図 5.39　光干渉式表面粗さ測定器の原理例

5.3　運動精度の計測

　加工精度を向上させるためには，工具が目標の形状に沿って正しく運動することが要求される。この工具軌跡は工作機械の運動精度に依存している（母性の原理）。そのため，工作機械の運動精度を測定し，検査することは高精度加工を実現するためには必要不可欠であり，加工精度を向上させるためには，機械の運動精度を向上させる必要がある。工作機械の運動精度を考えると，位置，速度，加速度が考えられる。位置に関する精度は，直進精度（真直度），回転精度，位置決め精度，輪郭精度が挙げられる。

　〔1〕**直進精度**　　テーブルの直進運動を例として考えてみる。テーブルは案内面に沿って運動している。テーブルが案内面に沿っていかに真直に運動しているかを表すには真直度が用いられる。真直度は，ある基準に対するテーブルの運動軌跡の差で示される。真直度測定方法は，形状の測定時に示された方法と同じである。例えば，テーブル上に固定したダイヤルゲージを直定規に当て，テーブルの運動によるダイヤルゲージ目盛の変動を読み取る。

　直進運動においては，真直度のほかに姿勢の変化を観察する必要がある。すなわち，ローリング，ヨーイング，ピッチングも併せて測定しなければならない。真直および角度測定ともレーザ干渉器[39]がよく用いられている（**図 5.40**）。

　〔2〕**回 転 精 度**　　加工精度の向上には，主軸の回転精度も当然問題となってくる。回転精度は基準となる球または真円軸を主軸端に取り付けて回転さ

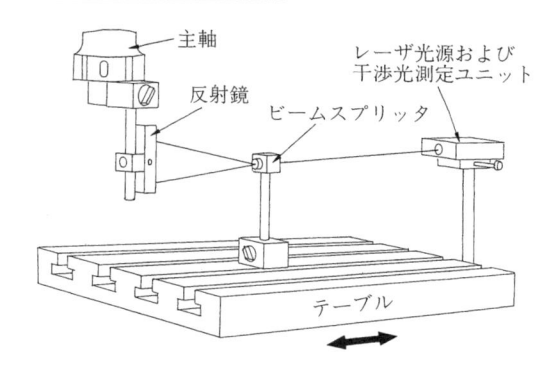

図 5.40 レーザ干渉器による直進度の測定

せ，その変位を非接触変位測定器で測定する方法がとられる（図 5.41）。取り付けた球や軸の主軸回転中心からの偏心は，記録値から1回転に相当する周期の波を除去すればよい。

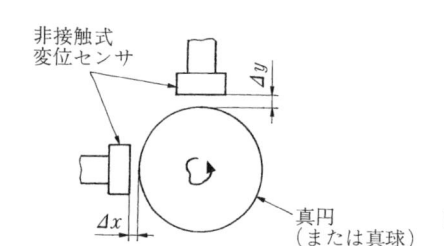

図 5.41 回転精度の測定

──── コーヒーブレイク ────

ローリング，ピッチング，ヨーイング

　大空を舞う航空機は，3次元空間の中を自由に姿勢制御されている。航空機の運動を考えるとき，左右，上下，前後に加え，ロー，ピッチ，ヨーという言葉が頻繁に出てくる。左右方向とは飛行機全体が左右に平行移動する動きであり，上下は機体が平行に保たれた状態で上昇下降する運動である。前後は飛行機の進行方向の運動である。では，ロー，ピッチ，ヨーとはどのような運動であるのかというと，三つとも角度に関する運動である。ローとは左右への傾きであり，ピッチとは前後への傾き，ヨーとは左右へのひねりである。すなわち，6自由度を持つことになる。工作機械においても精度を考えるうえでは同じことである。すべり面を移動するときにこのロー，ピッチ，ヨーも問題となる（図 2.12 参照）。

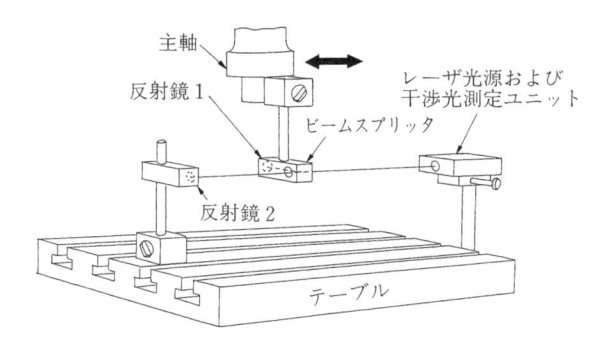

図 5.42 レーザ干渉器による位置測定

〔3〕 **位置決め精度** 位置決め精度についても真直度同様にレーザ干渉測定器を用いて測定を行う方法[39]が用いられている（図 5.42）。

〔4〕 **輪郭精度** 輪郭精度測定においては，J. Bryan が提案し，垣野が確立させた DBB 法が用いられている。被測定機に半径 R の円弧補間[39]運動をさせ，生じた誤差を半径 R の変化量として読み取るという方法である（図 5.43）。ただし，この方法は円弧輪郭精度だけが対象となっている。任意の運動については，レーザ干渉測定器が用いられている。

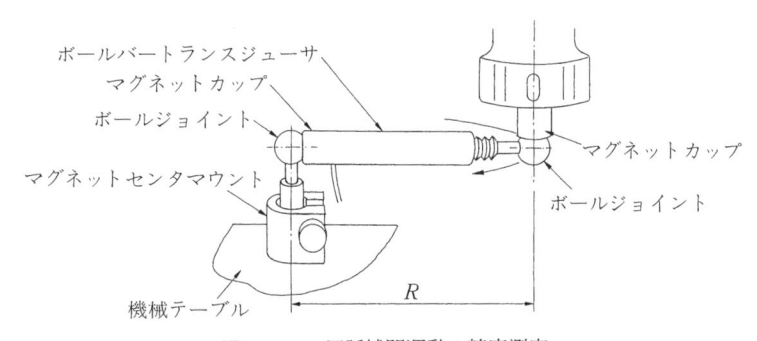

図 5.43 円弧補間運動の精度測定

5.4 修正加工方法

機械加工では製作図面に示された理想的形状に仕上げることが要求される。そのため，機械加工において，機械自体の運動精度を向上させる必要がある

が，一方では，加工を行う上で必ず誤差要因は含まれている。そのため，加工精度を要求される場合は，通常，加工を行った後，測定し，評価を行う。その評価結果を受けて，要求を満たしていない場合は再度加工を行い，その後さらに測定を行うという工程を繰り返し，要求される形状に仕上げていくことになる。このことからも測定精度を確保することは，精密加工において重要な役割を果たすことが分かる。

〔1〕 **修正加工の原理を最もよく表しているすり合わせ作業** 修正加工の例として，すり合わせ作業が挙げられる。この作業は通常，手作業で，人の感覚に依存しており，精密加工とは程遠いように思われるが，修正加工の原理を理解する上では，最も優れており，なおかつ，熟練者による作業では精度的にも優れたものになる。すり合わせ作業には，工具としてきさげが用いられる。

きさげ作業は単純な作業のように見えるが，この作業方法は現在に至るまで，修正加工の代表として使用されている。きさげ作業は，二つの平面をこすり合わせることによって，その二つの平面が接触した場所（すなわち，他の面より高くなっている箇所）を見つけ，その部分をきさげにより削り取るものであり，測定（評価）・加工を繰り返していくものである。

この作業において，一つの面に定盤（基準面）を用いることで，平面度や表面粗さを改善していく。現在でも，最終仕上げ工程で多用されている。また，きさげ作業は平面の基準面を作るためにも，欠かせない作業である。

〔2〕 **仕上げ前の計測・最終切り込みの設定** 切削加工において，ハンドルにより設定した切り込み量で加工を行い，測定を行うと，設定した切り込み量から計算される寸法とは異なることが多々ある。特に精密加工においてはこの偏差が問題となる。そのため，加工・測定を繰り返しながら，目的の寸法に追い込んでいく手法が用いられる。

これは加工条件，被削材材種，工具材種，切れ刃状態および加工機の特性などに依存するものである。理想は加工状態のまま，測定を行うインプロセス測定を実現させることである。測定のために加工物を取り外すと，取付け誤差などの要因のため，高精度な加工を期待することができなくなるためである。た

だし，インプロセス測定では，加工および測定後に加工物を取り外すと，形状（加工時の熱の影響，取り付け時の変形など）が変わることもあり，この点には注意が必要である。

〔3〕 **組み立て時の修正**　加工部品は単体として利用するようなことは少なく，部品を組み立てて所期の目標を達成させることが多い。各々の加工部品が理想的に仕上げられている場合は，個々の部品を組み立てるだけで理想的製品ができあがることになる。しかし，現実には加工部品には許容範囲が設けられているため，いかに小さな誤差でも，組み立て時に累積されて問題となり，組み立てることができない場合や要求する性能を発揮することができないこともある。そのため，組み立て時においても，測定を行いながら，不都合な箇所は修正を行う必要性も出てくる。すなわち，組み立て後に要求される性能を実現させることが大切なことである。

5.5 運動制御

工作機械の運動精度を向上させることは，加工精度を向上させることになる。運動精度を高めるため，フィードバック制御が行われている。このフィードバック制御とは，制御工学では頻繁に出てくる用語である。入力値（指令値）に対する出力（制御量）を補正するために，出力からの信号を入力値に加えることで理想的出力を得ることを目的としたものである。加工における修正と同じことといえる。

このフィードバック制御はループの構造により各種制御方式がある。代表的なものとして，セミクローズドループとクローズドループが挙げられる。

工作機械のテーブルの位置決め制御を例に挙げ，各方式を簡単に示す。

1）**セミクローズドループ方式**　工作機械のテーブル送りなどを例とすると，テーブル送りねじの回転位置を検出し，その検出値をテーブルの位置決め指令にフィードバックする方式である。

2）**クローズドループ方式**　テーブルの位置をリニアスケールなどによ

り直接的に検出し,その検出値を指令値にフィードバックする方法である。テーブル位置などが正確に検出できる一方で,外乱などの影響も受けることがある。

そのほかに,オープンループ方式やフィードフォワード方式がある。通常の工作機械に関する制御では,位置指令に基づいて動作する位置制御ループ,速度制御ループ,電流制御ループから構成されている。

5.6 ISO 9000 とトレーサビリティ

ISO 9000 シリーズは品質管理,品質保証のために制定された国際規格である。一連の ISO 9000 シリーズの中で「校正または試験に用いられるすべての装置は国家および国際的に承認された規格に関連し正しい結果が得られる能力を有していることを証明しなければならない」とある。

すなわち,計測機器は製造企業や機種が異なった場合においても,精度の保障された測定器であり,測定対象としている基準が同一であれば,当然,同じ測定結果を得ることができなければ,信頼を得ることはできない。そのためには,定められた基準により計測機器がつねに校正され,測定精度が確保されていなければならない。国際的に正しい結果が得られる能力を証明する手順をトレーサビリティと呼んでいる。

演 習 問 題

【1】 機械加工における計測では,精度が高いとは具体的にどのような状態を示しているのか述べよ。

【2】 測定誤差には大きく分けて3種類あるが,それぞれを説明し,誤差を減らす方法を示せ。

【3】 20個のブロックを測定したところ,つぎの測定値が得られた。本測定における標準偏差を求めよ。

測定値　20.516,　20.519,　20.519,　20.515,　20.520
　　　　20.521,　20.518,　20.514,　20.517,　20.516
　　　　20.519,　20.523,　20.512,　20.518,　20.519
　　　　20.523,　20.520,　20.515,　20.517,　20.527

【4】 目盛尺により，アルミニウムの丸棒の長さを測定した結果 100 mm であった。測定時の測定器および被測定物の温度が 30 °C であったならば，測定結果を 20 °C における状態に補正すると，長さはいくらになるか。ただし，目盛尺の熱膨張係数 $a_s = 11.5 \times 10^{-6}$/°C，アルミニウムの熱膨張係数 $a_w = 23.8 \times 10^{-6}$/°C とする。

【5】 測定器に径が 0.5～3.0 mm までの測定子が付属されている。各測定子を用いて被測定物の測定面が平面である部品を測定する場合に，接触力（測定力）が 5 N のときの接触における弾性接近量をヘルツの法則に従い求めよ。ただし，測定子および被測定物ともに材質は鋼とする。

【6】 オートコリメータを用いた測定において，焦点距離を 450 mm とすると，反射鏡が 1″ 傾くと，どれだけの偏位量を示すか。また，多面鏡とオートコリメータを用いて，割出し盤の精度を測定する方法を示せ。

【7】 サインバー，ブロックゲージ，ダイヤルゲージおよび定盤を用いて図 *5.44* の部品の勾配を求める方法を示せ。

図 *5.44*

【8】 図 *5.45* に示すようなブロックの B 面を定盤に接触させ，A 面の凹凸をダイヤルゲージで 5 mm 毎に測った結果，0, 30, 60, 90, 70, 60, 80 μm であった。真直度と B 面に対する平行度はいくらか。

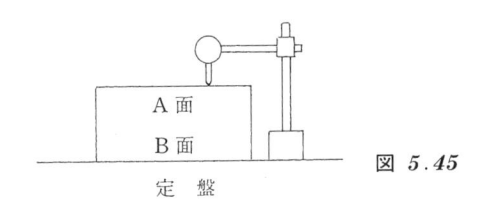

図 *5.45*

【9】 図 5.46 に示す幾何公差の指示はどのようなことを示しているか述べよ。

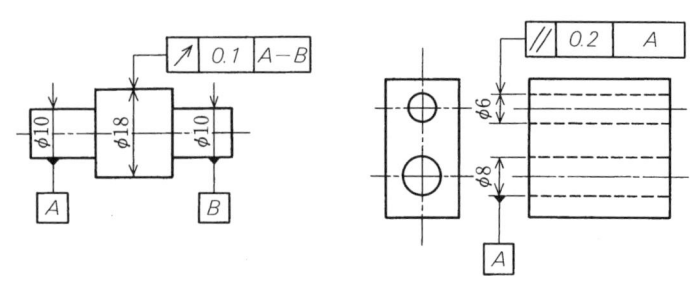

図 5.46

【10】 断面曲線と粗さ曲線の違いを示し，図 5.47 の粗さ曲線における算術平均粗さ Ra，最大高さ粗さ Rz および負荷曲線を求めよ。

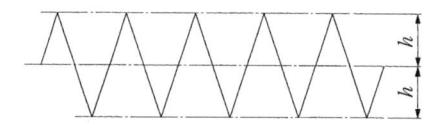

図 5.47

参 考 文 献

1) L. T. C. ロルト（磯田浩 訳）：工作機械の歴史，平凡社（1989）
2) 日本機械学会編：新版機械工学便覧 B2 加工学 加工機器，丸善（1984）
3) 加工データファイル，**1**，（財）機械振興協会技術研究所
4) J. Trusty and F. Koenigsberger : Specifications Test of Metal Cutting Tools, 1, 2, UMIST (1970)
5) 星鐵太郎：びびり現象―解析と対策―，工業調査会（1977）
6) 佐久間敬三，田口紘一，甲木昭雄：精密機械，**49**, 10, p.1379（1983）
7) 隈部淳一郎：振動切削―基礎と応用―，実教出版（1979）
8) 臼井英治：切削・研削加工学（上），共立出版（1971）
9) 中山一雄，上原邦雄：新版機械加工，朝倉書店（1997）
10) H. D. Pugh : Mechanics of the Cutting Process, Proc. IME cof. Tech. Eng. Manufacture, London, p.237 (1958)
11) 竹山秀彦：切削加工，丸善（1980）
12) 竹山秀彦，山田皓一：精密機械，**26**, 11, p.674（1960）
13) 星光一，星鐵太郎：金属切削技術，工業調査会（1969）
14) 加工技術データファイル，**2**，（財）機械振興協会技術研究所
15) 仙波卓也，田口紘一ほか：日本機械学会論文集（C），**57**, 533, pp.313〜319（1991）
16) 佐久間敬三 監修：ドリル・リーマ加工マニュアル，大河出版（1992）
17) D. F. Galloway : Trans. ASME, p.191 (1957)
18) 田口紘一，貝田正実，明石剛二：1993年度精密工学会秋季大会学術講演会論文集，p.983（1993-10）
19) 奥島啓弐，人見勝人ほか：精密機械，**30**, 8, pp.26〜34（1964）
20) 津和秀夫：機械加工学，養賢堂（1973）
21) 小野浩二：研削加工，槇書店（1963）
22) 竹中規雄 編：研削加工，誠文堂新光社（1968）
23) R. S. Hahn and R. P. Lindsay : Machinery, **77** (1977)
24) 精密工学会 編：新版精密工作便覧，コロナ社（1992）

25) 塚田為康, 保科真美, 鷲見芳夫：高精度球面空気軸受の製作, 精密機械, **39**, 6, p.76 (1973)
26) 株式会社森精機カタログ
27) 日本潤滑学会 編：潤滑ハンドブック, 養賢堂 (1981)
28) T. Tlusty ほか：Specifications and Tests of Metal Cutting Machine Tools, 1, p.135, Revell and George Limited (1970)
29) NSK カタログ
30) F. Koenigsberger (塩崎進 訳)：工作機械の設計原理, 養賢堂 (1967)
31) 精機学会 編：精密機械設計便覧, 精機学会 (1984)
32) 住谷充夫, 上田勝宣, 塚田為康：精密機械, **45**, 10, p.73 (1979)
33) M. Weck：Wekzeugmaschinen, **2**, p.120, VDI-Verlag (1979)
34) F. Koenigsberger and J. Tlusty (塩崎進, 中野嘉邦 訳)：工作機械の力学, p.16, 養賢堂 (1972)
35) S. A. Tobias：Schwingungen An Werkzeugmaschinen, p.211, Carl Hanser Verlag, Munchen (1961)
36) W. H. Groth：Die Dampfung in Fuhrungen von Werkzeugmaschinen, Disseration, T. H. Aachen (1972)
37) G. Spur and H. Fischer：Proc. of 10th Int. MTDR Conf., Univ. of Manchester, p.147 (1969)
38) 三菱重工業株式会社カタログ
39) レニショー株式会社カタログ
40) 佐久間敬三, 斎藤勝政, 松尾哲夫：機械工作法, 朝倉書店 (1984)

演習問題解答・コメント

2章

【1】 2.1節の七つの項とそれに対する簡単な説明を考える。
【2】 形状と材質について考えるとよい。
【3】 工作機械は創成加工のためにあることをよく認識すること。
【4】 （1） 創成加工　（2） 成形加工　（3） 成形加工
　　　（4） 創成加工：ホブの歯形は加工される歯車の溝の形とは異なる。
　　　（5） 成形加工：穴径はリーマ径で決まる。
【5】 工作機械に高精度が要求される所以である。
【6】 回転中心をいかにして振れないようにするかを工夫することが肝要。
【7】 局部拡大された図形（真円度図形や粗さ線図など）から実際の形状がどのようになっているかを推測できるようにすること。
【8】 要するに，精度の全部を機械加工に頼っていては，高精度のものは作れないということである。
【9】 2.6節参照。
【10】 2.1.7項参照。バリの出ないような加工法の確立と，バリが悪影響しないような設計が重要である。
【11】 2.5節参照。

3章

【1】 切りくずとなる部分がせん断変形するか否かが大きな相違。切削力の方向，切れ刃の強度も考慮するべきである。
【2】 3.1.1項〔2〕参照。背分力に注目すること。
【3】 3.1.1項〔7〕参照。
【4】 式（3.6），式（3.7）参照。式から影響因子はわかるが，寸法効果の項で示しているような切取り厚さの影響のほか，切削速度（切削温度）や切削幅などの影響もある。また，各因子の実際の影響度合いも理論式とはかなり異なる点もあり，実際は複雑である[40]。
【5】 Krystofの式では，$K_s=1\,136$ MPa，Merchant第1方程式では，$K_s=832$

MPa，ちなみに第2方程式では876 MPaとなる。

【6】 8.1°

【7】 *3.1.2*項〔*2*〕の*2*）参照。各原因に対して対策を示すようにすること。

【8】 *3.1.2*項〔*2*〕の*3*）参照。

【9】 直径精度，円筒度，真円度について考えること。

【10】 *3.1.3*項〔*3*〕のほか，図 *3.24* をエンドミルに当てはめて考えるとよい。

【11】 欠点はエンドミルの底刃の横すくい角（＝ねじれ角）が大きくなりすぎ，刃先強度が低下すること。

【12】 図 *3.31* 参照。

【13】 *3.1.3*項〔*4*〕参照。

【14】 *3.1.4*項〔*1*〕参照。

【15】 2枚の切れ刃で生じる切削力の半径方向成分をほぼ相殺し，なお残る半径方向成分を外周のマージン（円筒の一部を残した逃げのない部分）で支えるしくみになっていて，ドリルの後方へはトルクとスラストのみ働き，ドリルを曲げる力が生じないため。

【16】 ねじれ角が大きいほど，あけられた穴壁と切りくずの摩擦力の溝方向成分が大きくなるが，切りくずの排出路が長くなり，また溝方向の断面積も小さくなるので，一般にはねじれ角が小さいほど切りくずの排出性がよいといわれている。

【17】 切れ刃が軸に垂直方向に構成されていて，2枚の切れ刃の切削力のバランスがとれず，特に切削初めにドリルが半径方向に振れるため。

【18】 *3.1.4*項〔*4*〕および*2.6.2*項参照。

【19】 ①半径方向分力があっても穴が拡大しないように半径方向分力を支える案内部（マージン部など）が設けられていること。②構成刃先が生じない条件で加工すること。③等径多角形が生じないように切れ刃を不等分割配置にすること。

【20】 ①加工初めにドリルの中心から当って行くので，外周を削り始めるときに衝撃がない。②先端角が118°であることは，刃先角が121°と大きな値となり，刃先角の点では強い形状である。③外周に逃げのないかなり広い幅のマージン部があり，ここで力を受けることができる。

【21】 構成刃先の発生が最大の原因。

【22】 発生する震動の大きなものはびびり振動である。びびり振動を減らす手段（*2.5*節参照）を考え，また減衰性のよい工具（*3.1.4*節〔*6*〕参照）の使用を考えること。

【23】①ドリルに種々のシンニングを施している。②ガンドリルなど深穴工具は1枚刃にし，中心までよく切れる切れ刃を設けている。③穴あけのできるエンドミルも1枚の切れ刃だけ中心まで切れ刃を延ばし，残りは中心手前で切れ刃を止めている。

【24】1枚の切れ刃で削り，半径方向分力は広い幅の案内部で支えており，等径多角形運動は生じにくい構造になっている。さらに，その案内部は不等分割配置になっていて，より多角形になりにくい。

【25】2.6.2項参照。

【26】3.2.1項参照。

【27】3.1.3項〔1〕参照。切削工具の切れ刃は切りくずのでないすべり摩擦をさせると，異常に摩耗する。これに関して，フライス加工における上向き削りの切り初めや，ドリル加工における貫通時の材料の逃げによるすべりによって，大きな摩耗を生じることが知られている。

【28】3.2.2項参照。

【29】3.2.1項参照。

【30】3.2.2項〔1〕1）を参照して表を作る。

【31】3.2.2項〔1〕2）を参照して表を作る。

【32】図3.63参照。

【33】研削は定切込み，ホーニングは定圧力で加工する。また研削は切りくずを生じるように加工するが，ホーニングは摩擦や塑性変形作用による仕上げ加工も行われる。

【34】【35】いずれもドレッサやローラよりもといしの硬さ（結合度）のほうが軟らかいことを利用したもので，ドレッサやローラを自由回転できるようにし，相対研削速度を極度に小さくし，と粒切取り厚さが非常に大きくなる条件にすると，ドレッサやローラを削ることができず，と粒の目こぼれだけが生じ，といしの成形ができる。

【36】省略

【37】6枚刃のリーマで加工すると7角形の多角形形状誤差が生じやすく，このような場合，6個のといしのホーニング工具では，ちょうどその形状にならって工具が運動するので，形状誤差が修正できない。

【38】3.3節参照。

4章

【1】4.1.1項参照。

【2】 4.1.1項参照。
【3】【4】 省略。
【5】 図4.13参照。
【6】【7】 省略。
【8】 被案内部が移動するとき，溝内の潤滑油が滑り面に引き込まれるように，溝が滑り方向に垂直に作られているほうがよい。
【9】 式(4.11)より，$\eta=0.04$ Pa·s，$V=2$ m/s，$B=0.03$ m，$L=0.1$ m，$h_2=0.000\,012$ m，$\phi(a)=0.12$ とすると，$F_p=6\,000$ N を得る。
【10】 $p_s=0.188$ MPa，$2r_c=1.98$ mm，剛性：10 000 N/mm
【11】 $p_s=0.83$ MPa，$2r_c=1.66$ mm
【12】 省略。
【13】 回転させるとセンタの振れを0にできない。振れを生じさせないためには，回転させないことが最も簡単で確実である。
【14】 力がどこへ伝えられるかがわかり，工作機械の強度や剛性を考える上で役に立つ。
【15】 4.4.2項参照。

5章

【1】 5.1.2項参照。精度が高いとは「正確（かたよりの小さい）」で「精密（ばらつきの小さい）」であることを示している。
【2】 5.1.3項参照。
まちがい……測定者の注意により誤差を小さくできる。
系統誤差……各要因（環境など）を十分に考慮し，補正することで誤差を小さくできる。
偶然誤差……繰り返し測定して，その平均値を求めることで誤差を小さくできる。
【3】 5.1.1項の標準偏差を求める式を用いる。$\sigma=0.003\,4$。
【4】 5.1.4項の環境誤差を参照。$L=99.988$ mm。
【5】 ヘルツの法則の球と平面の式に測定力と測定子径を代入して計算する（$\delta=1.5\sim0.83\,\mu$m）。
【6】 5.2.4項参照。偏位量：4.3 μm。
　　検査する割出し盤上に多面鏡を設置する（このとき割出し盤の回転中心と多面鏡の中心を一致させておく）。オートコリメータの目盛を0合わせをし，割出し盤に回転指令を与えて多面鏡の分割角度だけ回転させ，そのときのオ

演習問題解答・コメント　　185

ートコリメータの値を読み取る。

【7】 定盤上にサインバーを設置し，その上に被測定物を載せる。ダイヤルゲージで被測定物の母線方向へ移動させながら読みを見る。ブロックゲージの寸法を変えながら，ダイヤルゲージの振れが0となるとき，サインバーの測定法により勾配を導く。

【8】 平行度の定義を確認する。横軸に距離，縦軸に測定値をとってグラフを描き，すべての点を内側に含み，かつ間隔が最小となる2本の平行線を引くことにより，真直度が求まる。

【9】 省略。

【10】 5.2.6項参照。$Ra=h/2$，$Rz=2h$。負荷曲線は省略。

索引

【あ, い】

遊び　　　　　　　　102
アッベの原理　　　　105
アプローチ角　　　　43
アライメント誤差　　27
粗さ曲線　　　　　167
粗さ曲線の負荷長さ率　169
アルミナ　　　　　　81
位置決め精度　　　173
移動振れ止め　　　52

【う】

ウィルキンソンの中ぐり盤　6
うねり　　　　　　　47
上向き削り　　　　56

【え】

エジェクタドリル　　74
エンゲージ角　　　　57
円筒度　　　　　　163
エンドミル　　　　　59

【お】

大隈-マッケンゼン式滑り軸受　126
オートコリメータ　　160
オプチカルフラット　163

【か】

回転精度　　　　　171
回転センタ　　　　52
角度ゲージ　　　　159
加工精度　　　　　143

形直し　　　　　　85
かたより　　　　　141
カービックカップリング　103
環境誤差　　　　　144
ガンドリル　　　　74
ガンリーマ　　　　75

【き】

幾何公差　　　　　150
幾何偏差　　　　　150
きさげ　　　　　　23
境界摩耗　　　　　48
強制びびり　　　　24
強度　　　　　　　16
強ねじれ角　　　　60
許容差　　　　　　148
切りくず厚さ　　　34
切取り厚さ　　　34, 80
切れ刃傾き角　　　43
切れ刃の丸み　　　45
切れ刃の輪郭　　　48

【く】

偶然誤差　　　　　143
くさび　　　　　　111
クラッシローラ　　85
クローズドループ方式　175
クロスハッチ　　　87

【け】

計器誤差　　　　　144
計測　　　　　　　140
系統誤差　　　　　143
結合剤　　　　　　82

結合度　　　　　　83
研削除去率　　　　86
研削といし　　　　79
研削焼け　　　　　84

【こ】

合金工具鋼　　　15, 32
工具価格／性能比　16
工具系基準方式　　41
公差　　　　　　　148
工作機械の母性の原則　17
公差等級　　　　　150
剛性度　　　　　　116
構成刃先　　　　　49
抗折力　　　　　　16
高速度鋼　　　　15, 32
光波干渉測長器　　157
誤差　　　　　　　143
固定振れ止め　　　52
コーテッド工具　　33
コーナキューブプリズム　159
コーナ半径　　　　44
ゴムといし　　　　83
コレットチャック　95
転がり案内　　　　113
転がり軸受　　　　126

【さ】

最小エネルギー説　39
最小領域法　　　　150
再生びびり　　　　25
最大せん断応力説　39
最大高さ粗さ　　　168
サインバー　　　　159

索　　　引　　187

サーボモータ	123	静圧軸受	128	ダイヤモンドドレッサ	85
サーメット	32	静圧ねじ	120	ダイヤルゲージ	156
さらい刃	48	正確さ	142	多角形形状誤差	27
残　差	142	成形加工	16	多点支持	95
3次元測定機	166	静剛性	130	ダ・ビンチのねじ切り	
算術平均粗さ	168	精　度	142	旋盤	5
3点支持	95	精密さ	142	ダブルV形案内	112
3面すり合わせ	91	精密水準器	160	多面鏡	159
3要素	80	精密度	142	単一切れ刃工具	46
残留応力	11	切削作用	78	炭化けい素	82
【し】		切削抵抗	35	炭素工具鋼	15,32
		切削幅端の盛り上がり	49	端度器	154
自生作用	77	切削方程式	39	断面曲線	167
下向き削り	56	切削力	37	【ち】	
主　軸	122	接触式測定法	170		
除去加工	10	切断バリ	14	力外乱型強制びびり	24
ジルコニアと粒	82	セミクローズドループ		チッピング	16
自励びびり	24	方式	175	チャック作業	53
心　厚	67	セラミック	16,32	チャンファホーニング	58
真円度	163	セルフカット	96	超硬合金	16,32
真空チャック	96	旋　削	46	超硬ドリル	69
真直度	162	センタ作業	51	超仕上げ	89
振動切削	29	センタドリル	51	直進精度	171
シンニング	68	せん断角	35	直角度	165
真の値	142	先端角	67	【て】	
【す】		せん断面	35		
		せん断領域	35	ディジタルスケール	157
数値制御	5	線度器	154	データム	150
すきま	102	旋　盤	46	電気マイクロメータ	156
すくい角	35,43	【そ】		電磁チャック	96
スタブタイプ	69			電子ビーム	29
スティックスリップ	111	創成加工	16	【と】	
ステップフィード	64	測　定	140		
スパークアウト	87	測定力	146	といし減耗率	86
滑り案内	109	組　織	83	動剛性	134
滑り軸受	125	塑性変形作用	78	と　粒	77
スラスト	64	【た】		ドリル	64
スローアウェイチップ	43			トレーサビリティ	176
寸法効果	38	台形ねじ	118	【な】	
寸法精度	46	対向ポケット形式			
【せ】		静圧案内	118	中ぐり工具	75
		ダイヤモンド	33	なじみ運転	103
静圧案内	115	ダイヤモンドと粒	82	生づめ	54

索引

【に，ね，の】
ならし環境	146
ナローガイドの原則	106
逃げ角	35, 44
2枚刃	60
ねじれ角	65
熱変形	136
ノギス	155

【は】
バイト	46
バックラッシ	22
バックラッシ除去機構	57
ばらつき	141
バリ	13
ハンチントンドレッサ	85
ハンドラッピング	92

【ひ】
ピエゾ素子	31
引きちぎりバリ	14
比切削抵抗	38
非接触式測定法	170
ピッチング	172
ビトリファイドといし	82
びびり	12
標準尺	154
標準偏差	141
表面粗さ	47, 167
表面うねり	168
ビルトインモータ形式	123

【ふ】
フィードバック制御	22
副切込み角	44
不確かさ	142
普通公差	148
フックの法則	146
フライス削り	55
プラウイング作用	78
振れ止め	52
ブロックゲージ	154

【へ】
平均	141
平行度	165
平面度	162
ヘールバイト	47
変位外乱型強制びびり	24
変質層	50

【ほ】
ポアソン・バリ	13
ホーニング	87
ボールエンドミル	61
ボールねじ	119

【ま，み】
マイクロメータ	155
マイケルソンの干渉計	158
摩擦型びびり	25
摩擦作用	77
マージン	68
まちがい	143
摩耗	16
回し金	51
マンドレル	53
三つづめスクロールチャック	53

【め，も】
目こぼれ	85
メタルといし	83
目つぶれ	84
目づまり	85
目直し	85
モーズレーのねじ切り旋盤	7
戻りの遅れ	22

【ゆ，よ】
有効すくい角	43
油膜圧力	110
ヨーイング	172
四つづめ単動チャック	53

【ら，り】
ラッピング	90
リニアモータ	121
リーマ	70
粒度	83
流量式空気マイクロメータ	157
理論粗さ	44
輪郭精度	173
輪郭度	164
隣接切れ刃間隔	81

【れ】
レーザ干渉測長器	159
レーザビーム	29
レジノイドといし	82
連続切れ刃間隔	80

【ろ】
ロータリエンコーダ	161
ローリング	172
ロールオーバ・バリ	13
ロングスライダ	105

A系と粒	81
BTA工具	74
CBN	33
CBNと粒	82
C系と粒	82
ISO	40
ISO 9000	176
PAと粒	82
WAと粒	81

―― 著者略歴 ――

田口　紘一（たぐち　こういち）
1964 年　熊本大学工学部機械工学科
　　　　　卒業
1976 年　有明工業高等専門学校助教授
1981 年　工学博士（九州大学）
1986 年　有明工業高等専門学校教授
2005 年　有明工業高等専門学校名誉教授

著書に，『ドリル・リーマ加工マニュアル』（共著）
大河出版（1992 年），『「記紀」より読み解く『魏志』
倭人伝とその後の倭国』海鳥社（2019 年）がある。

明石　剛二（あかし　こうじ）
1986 年　佐賀大学理工学部機械工学科
　　　　　卒業
1988 年　九州大学大学院工学研究科
　　　　　修士課程修了（機械工学専攻）
2000 年　博士（工学）（九州大学）
2000 年　有明工業高等専門学校助教授
2007 年　有明工業高等専門学校准教授
2009 年　有明工業高等専門学校教授
　　　　　現在に至る

精密加工学
Precision Machining Technology　　　　　© Koichi Taguchi, Koji Akashi 2003

2003 年 8 月 18 日　初版第 1 刷発行
2025 年 8 月 25 日　初版第 12 刷発行

検印省略	著　者	田　口　　紘　一
		明　石　　剛　二
	発行者	株式会社　コロナ社
		代表者　牛来真也
	印刷所	新日本印刷株式会社
	製本所	有限会社　愛千製本所

112-0011　東京都文京区千石 4-46-10
発 行 所　株式会社　コロナ社
CORONA PUBLISHING CO., LTD.
Tokyo Japan
振替 00140-8-14844・電話(03)3941-3131(代)
ホームページ　https://www.coronasha.co.jp

ISBN 978-4-339-04466-9 C3353　Printed in Japan　　　　（平河工業社）（柏原）

<JCOPY> ＜出版者著作権管理機構　委託出版物＞
本書の無断複製は著作権法上での例外を除き禁じられています。複製される場合は，そのつど事前に，
出版者著作権管理機構（電話 03-5244-5088，FAX 03-5244-5089，e-mail: info@jcopy.or.jp）の許諾を
得てください。

本書のコピー，スキャン，デジタル化等の無断複製・転載は著作権法上での例外を除き禁じられています。
購入者以外の第三者による本書の電子データ化及び電子書籍化は，いかなる場合も認めていません。
落丁・乱丁はお取替えいたします。

機械系教科書シリーズ

（各巻A5判，欠番は品切です）

- ■編集委員長　木本恭司
- ■幹　　　事　平井三友
- ■編集委員　青木　繁・阪部俊也・丸茂榮佑

配本順		書名	著者	頁	本体
1.	(12回)	機械工学概論	木本恭司 編著	236	2800円
2.	(1回)	機械系の電気工学	深野あづさ 著	188	2400円
3.	(20回)	機械工作法（増補）	平井三友・和田任弘・塚田忠夫 共著	208	2500円
4.	(3回)	機械設計法	三田純義・朝比奈奎一・黒田孝春・山口健二・川北和明 共著	264	3400円
5.	(4回)	システム工学	古荒吉浜・井原克己・村井徳藏 共著	216	2700円
6.	(34回)	材料学（改訂版）	久保井原洋恵 共著	216	2700円
7.	(6回)	問題解決のための Cプログラミング	佐中 次男・藤村 一郎 共著	218	2600円
8.	(32回)	計測工学（改訂版）—新SI対応—	前田良一・木田 至・押田 昭啓 共著	220	2700円
9.	(8回)	機械系の工業英語	牧野州雅・生水秀之 共著	210	2500円
10.	(10回)	機械系の電子回路	高橋晴俊・堂部雄也 共著	184	2300円
11.	(9回)	工業熱力学	丸木茂本榮恭佑司 共著	254	3000円
12.	(11回)	数値計算法	藪伊忠惇 共著	170	2200円
13.	(13回)	熱エネルギー・環境保全の工学	井山本崎恭男紀 共著	240	2900円
15.	(15回)	流体の力学	坂本田口光紘雅剛二 共著	208	2500円
16.	(16回)	精密加工学	田明 石村靖 共著	200	2400円
17.	(30回)	工業力学（改訂版）	吉米内 村山夫誠 共著	240	2800円
18.	(31回)	機械力学（増補）	青木 繁 著	204	2400円
19.	(29回)	材料力学（改訂版）	中島 正貴 著	216	2700円
20.	(21回)	熱機関工学	越老智固敏明一潔本部隆光一 共著	206	2600円
21.	(22回)	自動制御	阪飯田川俊恭弘賢順明 共著	176	2300円
22.	(23回)	ロボット工学	早櫟矢松重大高敏洋一男 共著	208	2600円
23.	(24回)	機構学	重大高松敏洋一男 共著	202	2600円
24.	(25回)	流体機械工学	小池 勝 著	172	2300円
25.	(26回)	伝熱工学	丸矢尾野榮匡佑永秀州 共著	232	3000円
26.	(27回)	材料強度学	境田 彰芳 編著	200	2600円
27.	(28回)	生産工学—ものづくりマネジメント工学—	本位田皆川光重健多郎 共著	176	2300円
28.	(33回)	CAD／CAM	望月達也 著	224	2900円

定価は本体価格+税です。
定価は変更されることがありますのでご了承下さい。

図書目録進呈◆